La terminología del sector agroalimentario (español-inglés) en los estudios contrastivos y de traducción especializada basados en corpus: los embutidos

STUDIEN ZUR ROMANISCHEN SPRACHWISSENSCHAFT UND INTERKULTURELLEN KOMMUNIKATION

Herausgegeben von
Gerd Wotjak, José Juan Batista Rodríguez und Dolores García-Padrón

BAND 138

María Teresa Ortego Antón

La terminología del sector agroalimentario (español-inglés) en los estudios contrastivos y de traducción especializada basados en corpus: los embutidos

Bibliografische Information der Deutschen Nationalbibliothek
Die Deutsche Nationalbibliothek verzeichnet diese Publikation
in der Deutschen Nationalbibliografie; detaillierte bibliografische
Daten sind im Internet über http://dnb.d-nb.de abrufbar.

Este trabajo se ha realizado en el marco del proyecto nacional de I+D titulado "Producción textual bilingüe semiautomática inglés-español con lenguajes controlados: parametrización del conocimiento experto para su desarrollo en aplicaciones Web 2.0. y 3.0." (Ref. F2016-75672-R, MINECO), coordinado por la Dra. Rabadán (Universidad de León) y, además, parcialmente en el seno del proyecto "VIP: sistema integrado Voz-texto para IntérPretes"' (ref. FFI2016-75831-P, MINECO), coordinado por la Dra. Corpas Pastor (Universidad de Málaga).

ISSN 1436-1914
ISBN 978-3-631-77525-7 (Print)
E-ISBN 978-3-631-79403-6 (E-PDF)
E-ISBN 978-3-631-79404-3 (EPUB)
E-ISBN 978-3-631-79405-0 (MOBI)
DOI 10.3726/15808

© Peter Lang GmbH
Internationaler Verlag der Wissenschaften
Berlin 2019
Alle Rechte vorbehalten.

Peter Lang – Berlin · Bern · Bruxelles ·
New York · Oxford · Warszawa · Wien

Das Werk einschließlich aller seiner Teile ist urheberrechtlich geschützt. Jede Verwertung außerhalb der engen Grenzen des Urheberrechtsgesetzes ist ohne Zustimmung des Verlages unzulässig und strafbar. Das gilt insbesondere für Vervielfältigungen, Übersetzungen, Mikroverfilmungen und die Einspeicherung und Verarbeitung in elektronischen Systemen.

Diese Publikation wurde begutachtet.

www.peterlang.com

Índice

Índice de figuras 9

Índice de gráficos 13

Índice de tablas 15

Prólogo 17

Agradecimientos 21

1. La traducción en el sector agroalimentario 23
    1.1. Introducción 23
    1.2. Estudios previos sobre la traducción en el sector agroalimentario 25

2. Las fichas descriptivas de embutidos como género textual 29
    2.1. Introducción 29
    2.2. Género, clase y tipo textual 29
        2.2.1. El género textual 29
        2.2.2. El tipo textual 37
        2.2.3. La clase textual 43
        2.2.4. Recapitulación 44
    2.3. Las fichas descriptivas de producto 45
        2.3.1. Introducción 45
        2.3.2. El género de la ficha descriptiva de embutidos 47

3. El uso de corpus como herramientas de traducción 51
    3.1. Introducción 51
    3.2. El diseño y la compilación de los corpus 54
        3.2.1. Parámetros de diseño 54
        3.2.2. Protocolo de compilación 57
            3.2.2.1. Búsqueda 57
            3.2.2.2. Descarga 58

　　　　　3.2.2.3.　Formato 58
　　　　　3.2.2.4.　Almacenamiento 59
　　3.2.3.　La determinación de la representatividad cuantitativa 61
　　3.2.4.　Las características de C-GEFEM y de P-GEFEM 62
　　　　　3.2.4.1.　C-GEFEM 62
　　　　　3.2.4.2.　P-GEFEM 66
3.3.　La explotación de C-GEFEM y P-GEFEM 68
　　3.3.1.　Metodología de análisis de la estructura retórica 70
　　　　　3.3.1.1.　El Constructor de etiquetadores* 72
　　　　　3.3.1.2.　El Etiquetador de movimientos retóricos* 73
　　　　　3.3.1.3.　El Visor de corpus comparables bilingües* 74
　　3.3.2.　Metodología de análisis de las líneas modelo 76
　　3.3.3.　Metodología de análisis de la terminología y de
　　　　　　su fraseología 77
　　　　　3.3.3.1.　Introducción 77
　　　　　3.3.3.2.　La extracción de los términos 79
　　　　　3.3.3.3.　La validación de los candidatos a término 81
　　　　　3.3.3.4.　Los equivalentes de los términos y su fraseología 82
　　3.3.4.　e-DriMe 90
　　　　　3.3.4.1.　Fundamentos teóricos 90
　　　　　3.3.4.2.　El sistema de gestión terminológica 94
　　　　　3.3.4.3.　El diseño y la compilación de e-DriMe 95
　　　　　3.3.4.4.　El diseño de los marcos 98

4. La estructura retórica de las fichas descriptivas de embutidos en español y en inglés 101

4.1.　Introducción 101
4.2.　La estructura retórica de las fichas descriptivas de embutidos
　　　en español 102
　　4.2.1.　El etiquetado de C-GEFEM en español 102
　　4.2.2.　Movimientos y pasos de las fichas descriptivas
　　　　　　de embutidos en español 103
4.3.　La estructura retórica de las fichas descriptivas de embutidos
　　　en inglés 106
　　4.3.1.　El etiquetado de C-GEFEM en inglés 107
　　4.3.2.　Movimientos y pasos de las fichas descriptivas
　　　　　　de embutidos en inglés 108

4.4. Comparativa de resultados 111
    4.4.1. Comparativa de etiquetas 111
    4.4.2. Comparativa de los movimientos y los pasos 112
    4.4.3. Comparativa de la estructura retórica de las fichas descriptivas de embutidos en español y en inglés 117
    4.4.4. Contraste de resultados en P-GEFEM 118
4.5. Las líneas modelo 122
    4.5.1. Primer movimiento: "denominación de producto" 122
    4.5.2. Segundo movimiento: "peso" 123
    4.5.3. Tercer movimiento: "imagen embutido" 123
    4.5.4. Cuarto movimiento: "código del producto" 124
    4.5.5. Quinto movimiento: "información conceptual" 124
    4.5.6. Sexto movimiento: "descripción del producto" 124
    4.5.7. Séptimo movimiento: "información" 125
        4.5.7.1. Paso 7.1: "marca" 125
        4.5.7.1.1. Subpaso 7.1.1: "descripción de la marca" 125
        4.5.7.2. Paso 7.2: "conservación" 126
        4.5.7.3. Paso 7.3: "origen" 126
        4.5.7.3.1. Subpaso 7.3.1: "país de envasado" 126
        4.5.7.4. Paso 7.4: "utilización" 126
        4.5.7.5. Paso 7.5: "envasado" 127
        4.5.7.6. Paso 7.6: "reciclado" 127
        4.5.7.7. Paso 7.7: "otra información" 128
    4.5.8. Octavo movimiento: "ingredientes" 128
        4.5.8.1. Paso 8.1: "aditivos" 128
        4.5.8.2. Paso 8.2: "alérgenos" 128
        4.5.8.3. Paso 8.3: "adecuado para" 129
    4.5.9. Noveno movimiento: "información nutricional" 129
    4.5.10. Décimo movimiento: "fabricante" 130
        4.5.10.1. Paso 10.1: "dirección del fabricante" 130
    4.5.11. Undécimo movimiento: "devolución" 131
    4.5.12. Duodécimo movimiento: "valoración" 131
        4.5.12.1. Paso 12.1: "comentarios" 132
    4.5.13. Decimotercer movimiento: "seguir en las redes sociales" 133
4.6. Recapitulación 134

5. La terminología de los embutidos en español y en inglés y su fraseología 135

5.1. Introducción 135

5.2. La extracción automática y la validación de los candidatos a término 135
    5.2.1. La extracción automática de los candidatos a término 135
    5.2.2. El establecimiento de la muestra de análisis 138
5.3. Los equivalentes de traducción de la terminología de los embutidos 140
    5.3.1. La traducción de los términos 140
    5.3.2. La traducción de la fraseología 147
        5.3.2.1. Colocaciones de "chorizo" 149
        5.3.2.2. Colocaciones de "cerdo" 154
        5.3.2.3. Colocaciones de "bellota" 156
        5.3.2.4. Colocaciones de "ibérico" 159
        5.3.2.5. Colocaciones de "elaborado" 160
        5.3.2.6. Colocaciones de "proceso" 161
        5.3.2.7. Colocaciones de "León" 162
        5.3.2.8. Colocaciones de "tripa" 162
        5.3.2.9. Colocaciones de "curación" 164
        5.3.2.10. Colocaciones de "carne" 165
        5.3.2.11. Colocaciones de "color" 166
        5.3.2.12. Colocaciones de "vacío" 166
        5.3.2.13. Colocaciones de "magro" 166
        5.3.2.14. Colocaciones de "pimentón de la Vera" 167
        5.3.2.15. Colocaciones de "secadero" 168
    5.3.3. Recapitulación 168
5.4. El contraste de resultados en C-GEFEM 169
    5.4.1. El contraste de los equivalentes de los términos 169
    5.4.2. El contraste de la fraseología 180
    5.4.3. Recapitulación 187
5.5. e-DriMe 188
    5.5.1. Las entradas 188
        5.5.1.1. Chorizo 188
        5.5.1.2. Pimentón 190
        5.5.1.3. Condimentado 191
    5.5.2. Los marcos semánticos 192

6. Conclusiones 201

Referencias 207

Índice de figuras

Figura 1.	Relación entre género, registro y dominio (Adaptado de Bhatia, 2004: 31)	36
Figura 2.	Fragmento de ficha técnica de chorizo de la empresa Embutidos Moreno Sáez	40
Figura 3.	Publicidad de la campaña promocional de chorizo ecológico de La Hoguera	40
Figura 4.	Fragmento de ficha descriptiva de chorizo sarta de La Hoguera	41
Figura 5.	Fragmento de cómo freír el Torrezno de Soria	41
Figura 6.	Fragmento de texto descriptivo de Embutidos Artesanos Covaleda	42
Figura 7.	Fragmento de ficha descriptiva de chorizo en español	47
Figura 8.	Fragmento de ficha descriptiva de chorizo en inglés	48
Figura 9.	Estructura de C-GEFEM	59
Figura 10.	Estructura de P-GEFEM	60
Figura 11.	Ejemplo de denominación de archivos en C-GEFEM	60
Figura 12.	Ejemplo de denominación de los textos en español en P-GEFEM	61
Figura 13.	Ejemplo de denominación de las traducciones al inglés en P-GEFEM	61
Figura 14.	Interfaz de ReCor	64
Figura 15.	Ventana de búsqueda de corpus con ReCor	64
Figura 16.	Representatividad cuantitativa del subcorpus en español de C-GEFEM calculada con ReCor	65
Figura 17.	Representatividad cuantitativa del subcorpus en inglés de C-GEFEM calculada con ReCor	66
Figura 18.	Representatividad cuantitativa del subcorpus en español de P-GEFEM calculada con ReCor	67
Figura 19.	Representatividad cuantitativa del subcorpus P-GEFEM en inglés calculada con ReCor	68
Figura 20.	Constructor de etiquetadores®	72
Figura 21.	Captura de pantalla del Etiquetador de movimientos retóricos®	73

Figura 22.	Interfaz del Visor de corpus comparables®	74
Figura 23.	Captura de pantalla de los textos etiquetados con el movimiento <Ingredientes>	76
Figura 24.	Resultados de *"pork"* obtenidos en el movimiento <Ingredientes> con el analizador de concordancias incluido en Visor de corpus comparables bilingües®	77
Figura 25.	Búsqueda de equivalentes con ParaConc	82
Figura 26.	Equivalentes de chorizo extraídos con ParaConc	83
Figura 27.	Captura de pantalla de la selección del corpus con AntConc 3.5.7.	83
Figura 28.	Ejemplo de búsqueda de ocurrencias del término "chorizo" con AntConc 3.5.7. (Anthony, 2018)	84
Figura 29.	Ejemplo de búsqueda de colocaciones con la pestaña *"Clusters/N-grams"* de AntConc 3.5.7. (Anthony, 2018)	86
Figura 30.	Resultados de la búsqueda de *"Clusters / N-Grams"* con AntConc 3.5.7. (Anthony, 2018)	87
Figura 31.	Captura de pantalla de la *stoplist* introducida en AntConc 3.5.7. (Anthony, 2018)	88
Figura 32.	Captura de pantalla de los resultados de *"Word List"* de AntConc 3.5.7. (Anthony, 2018)	89
Figura 33.	Captura de pantalla de la búsqueda de fraseología con la opción *"Clusters / N-Grams"* de AntConc 3.5.7. (Anthony, 2018)	90
Figura 34.	La microestructura de las entradas de e-DriMe.	96
Figura 35.	Captura de pantalla de la concordancia de "chorizo" en el subcorpus en inglés de C-GEFEM con AntConc 3.5.7. (Anthony, 2018)	97
Figura 36.	Captura de pantalla de la opción *"File View"* de AntConc 3.5.7. (Anthony, 2018)	98
Figura 37.	Ficha descriptiva de embutido en español	119
Figura 38.	Traducción al inglés de la ficha descriptiva de embutido	119
Figura 39.	Ejemplo de ficha descriptiva de embutido en español	120
Figura 40.	Ejemplo de traducción de ficha descriptiva de embutido en la que se omiten las características del corte	121
Figura 41.	Línea modelo del primer movimiento: "denominación de producto"	123

Figura 42.	Línea modelo del segundo movimiento: "peso"	123
Figura 43.	Línea modelo del tercer movimiento: "imagen embutido"	123
Figura 44.	Línea modelo del cuarto movimiento: "código del producto" ...	124
Figura 45.	Línea modelo del quinto movimiento: "información conceptual"	124
Figura 46.	Línea modelo del sexto movimiento: "descripción del producto"	124
Figura 47.	Línea modelo del paso 7.1.: "marca"	125
Figura 48.	Línea modelo del subpaso 7.1.1.: "descripción de la marca"	125
Figura 49.	Línea modelo del paso 7.2.: "conservación"	126
Figura 50.	Línea modelo del paso 7.3.: "origen"	126
Figura 51.	Línea modelo del paso 7.4.: "utilización"	127
Figura 52.	Línea modelo del paso 7.5.: "envasado"	127
Figura 53.	Línea modelo del paso 7.6.: "reciclado"	127
Figura 54.	Línea modelo del octavo movimiento: "ingredientes"	128
Figura 55.	Línea modelo del paso 8.2.: "alérgenos"	129
Figura 56.	Línea modelo del noveno movimiento: "información nutricional"	130
Figura 57.	Línea modelo del décimo movimiento: "fabricante"	130
Figura 58.	Línea modelo del paso 10.1.: "dirección del fabricante"	131
Figura 59.	Línea modelo del undécimo movimiento: "devolución"	131
Figura 60.	Línea modelo del duodécimo movimiento: "valoración"	131
Figura 61.	Línea modelo del paso 12.1.: "comentarios"	133
Figura 62.	Línea modelo del decimotercer movimiento: "seguir en las redes sociales"	133
Figura 63.	Interfaz de TermoStat Web 3.0. (Drouin, 2003)	136
Figura 64.	Resultados de la extracción automática de candidatos a término con TermoStat Web 3.0. (Drouin, 2003)	137
Figura 65.	Listado de términos más frecuentes extraído con AntConc 3.5.7. (Anthony, 2018)	169
Figura 66.	Colocaciones de "*pork*"	170
Figura 67.	Contexto de uso de "*Spanish pork*"	171
Figura 68.	Ocurrencias de "*Iberian*" en el subcorpus en inglés de C-GEFEM.	177

Figura 69. Captura de pantalla de la entrada de "chorizo" en e-DriMe 189
Figura 70. Captura de pantalla de la entrada de "pimentón" en e-DriMe 190
Figura 71. Captura de pantalla de la entrada de "condimentado" en e-DriMe 191
Figura 72. Indexación de "*pepper*" en FrameNet 193
Figura 73. Marco semántico de <FOOD> según FrameNet 194
Figura 74. Marco semántico de <PRESERVING> según FrameNet 196
Figura 75. Relaciones entre marcos de <PRESERVING> según FrameNet. 198
Figura 76. Relaciones entre marcos de <PRESERVING> en e-DriMe 199

Índice de gráficos

Gráfico 1. Distribución por países de las fichas descriptivas de embutidos recogidas en el subcorpus en inglés de C-GEFEM 63

Gráfico 2. Distribución porcentual de los candidatos a término por categoría gramatical extraídos con TermoStat Web 3.0. (Drouin, 2003) 138

Gráfico 3. Distribución porcentual de las técnicas de traducción empleadas en el trasvase de los 20 términos más frecuentes 146

Gráfico 4. Distribución porcentual de las técnicas de traducción empleadas en C-GEFEM 178

Gráfico 5. Comparativa de técnicas de traducción en P-GEFEM y en C-GEFEM 179

Índice de tablas

Tabla 1.	Aspectos internos y externos para identificar un género (Bhatia, 2004: 123–130; adaptado por Cristobalena Frutos, 2016: 68)	34
Tabla 2.	Tamaño de C-GEFEM	63
Tabla 3.	Tamaño de P-GEFEM	66
Tabla 4.	Fases del análisis del discurso utilizando una metodología "*top-down*" (Adaptación de Biber *et al.*, 2007: 13)	69
Tabla 5.	Propuesta de etiquetas retóricas	71
Tabla 6.	Etiquetas no utilizadas para anotar retóricamente el subcorpus en español de C-GEFEM	102
Tabla 7.	Etiquetas empleadas para anotar retóricamente el subcorpus en español de C-GEFEM	103
Tabla 8.	Movimientos y pasos utilizados en el subcorpus en español de C-GEFEM	103
Tabla 9.	Prototipo de estructura retórica de las fichas descriptivas de embutidos en español	105
Tabla 10.	Etiquetas no utilizadas para anotar retóricamente el subcorpus en inglés de C-GEFEM	107
Tabla 11.	Etiquetas empleadas para anotar retóricamente el subcorpus en inglés de C-GEFEM	107
Tabla 12.	Movimientos y pasos utilizados en el subcorpus en inglés de C-GEFEM	108
Tabla 13.	Prototipo de estructura retórica de las fichas descriptivas de embutidos en inglés	109
Tabla 14.	Etiquetas comunes en español y en inglés	112
Tabla 15.	Comparativa de movimientos y pasos en español y en inglés	113
Tabla 16.	Candidatos a término según la categoría gramatical extraídos con TermoStat Web 3.0. (Drouin, 2003)	137
Tabla 17.	Muestra de análisis	139
Tabla 18.	Equivalentes de traducción de los términos que constituyen la muestra de análisis	141

Tabla 19.	Colocaciones más frecuentes extraídas del subcorpus en español de P-GEFEM con AntConc 3.5.7. (Anthony, 2018)	147
Tabla 20.	Colocaciones de "chorizo"	149
Tabla 21.	Colocaciones de "cerdo"	155
Tabla 22.	Colocaciones de "bellota"	157
Tabla 23.	Colocaciones de "ibérico"	159
Tabla 24.	Colocaciones de "elaborado con"	160
Tabla 25.	Colocaciones de "proceso"	161
Tabla 26.	Colocaciones de "León"	162
Tabla 27.	Colocaciones de "tripa"	163
Tabla 28.	Colocaciones de "curación"	164
Tabla 29.	Colocaciones de" carne"	165
Tabla 30.	Colocaciones de "magro"	166
Tabla 31.	Colocaciones de "pimentón de la Vera"	167
Tabla 32.	Contraste de equivalentes en inglés de los términos de la muestra de análisis en P-GEFEM y en C-GEFEM	172
Tabla 33.	Los equivalentes de la fraseología en C-GEFEM	181
Tabla 34.	Marco semántico relativo a <FOOD>	194
Tabla 35.	Marco semántico relativo a <PRESERVING>	197

Prólogo

La obra que el lector tiene entre sus manos es un claro ejemplo del camino recorrido en los estudios lingüísticos y de traducción en las últimas décadas. Estamos ante un trabajo riguroso y exquisitamente planteado en el que se combinan de forma extraordinaria sólidos planteamientos teóricos, una metodología científica cuidadosamente perfilada que incorpora los últimos avances en las diversas aplicaciones desarrolladas por la lingüística de corpus, así como otras derivadas de algunos de los avances del PLN multilingüe en los que la autora ha participado, o ha sido responsable directa y un análisis de los datos lleno de intuición y agudeza intelectual.

Si bien es cierto que estos hechos resultan ya de por si un aval indiscutible para abordar con interés la lectura de *La terminología del sector agroalimentario (español-inglés) en los estudios contrastivos y de traducción especializada basados en corpus: los embutidos*, ciertamente se concitan en esta obra otros elementos de gran valor que conviene precisar. El trabajo que presenta María Teresa Ortego Antón no es el resultado de la casualidad ni de la oportunidad, sino que se trata de una obra que pone de manifiesto la madurez de un recorrido académico coherente y en el que no se han escatimado esfuerzos y dedicación. El modo de hacer que se muestra en este trabajo es el resultado de bastantes años dedicados al estudio del léxico especializado fundamentalmente, pero no en exclusiva de las lenguas inglesa y española, en el contexto de grupos de investigación de referencia internacional, a los que la autora ha estado vinculada desde los inicios de su formación como investigadora a principios del 2000 y en los que sigue trabajando hasta la actualidad (CITTAC-UVa, ACTRES-ULE, LEYTRAD-UMA, OLST-UdM, CR-TT-Lyon2). Después de más de una década inmersa en esta línea de investigación sus trabajos son hoy de obligada referencia y un ejemplo de crecimiento científico, además de una prueba de su más que indiscutible afán de superación. Además del rigor como una constante en todas sus publicaciones me gustaría destacar un aspecto especialmente sobresaliente de la publicación actual y que lleva el sello de su autora. El compromiso de la Dra. Ortego Antón con los sectores productivos del entorno más cercano donde desarrolla su actividad académica e investigadora, la Universidad de Valladolid, le ha hecho muy sensible a las necesidades de promoción y de internacionalización de las industrias de Castilla y León, más específicamente de aquellas enclavadas en zonas en riesgo crítico de despoblación. La trascendencia socioeconómica del sector agroalimentario en estas regiones constituye una constante en las inquietudes que estimulan su investigación, como sucede con el trabajo que hoy publica la prestigiosa editorial Peter Lang; más específicamente con las empresas cárnicas dedicadas a los embutidos, alguna de la cuales interviene como socio en varios de sus proyectos. Así pues, la Dra. Ortego Antón hace gala una vez más con este trabajo de un compromiso firme y demostrado con la transferencia de I+D+i a la sociedad.

Entre las aportaciones de la investigación llevada a cabo por la Dra. Ortego Antón en esta obra, destacaría, en primer lugar, un agudo análisis de la comparación de usos fraseológicos para cuyo análisis se aplica una metodología contrastiva canónica y enmarcándola siempre a partir de una estructura retórica previamente deducida, tras un minucioso estudio del género textual que analiza, basada en la extracción de datos de un corpus representativo y bien diseñado desde el punto de vista textual. Dicho contraste pone de manifiesto estrategias y posibilidades de nuevos estudios con aplicación tanto para los Estudios de Traducción y la formación de traductores e intérpretes, como para el diseño de diccionarios convencionales, o también diccionarios máquina, orientados a aplicaciones de traducción automática, de posedición, o bien a aquellas diseñadas para implementar asistentes de escritura en lengua inglesa que se basen en la utilización de este tipo de glosarios máquina.

Otra aportación relevante de la presente obra creemos que concierne al análisis semántico que en ella se hace de un terreno un tanto abandonado y necesitado de análisis, en primer lugar, por él mismo, la terminología de los embutidos, pero también por las implicaciones que este tipo de estudio permitirían para el desarrollo de aplicaciones de PLN más afinadas. En su descripción semántica del marco embutidos, conocedora de las distintas opciones teóricas y de la tecnología disponible para el estudio, descripción y anotación de campos semánticos, elige y explora las diversas posibilidades de la semántica de marcos como un paso más en aras de abordar una tarea pendiente y decisiva en el proceso de anotación semántica de los corpus, pues es sentir generalizado en la comunidad científica que la anotación semiautomática de corpus especializados en inglés y español, incluido el etiquetado semántico, se ha revelado como una necesidad básica en el desarrollo de una nueva generación de herramientas de PLN (Piao et al., 2017: 113)[1]. Entre dichas herramientas estarían los diccionarios máquina o léxicos multilingües, pero también tendría una gran transcendencia para el desarrollo de aplicaciones de minería textual y de recuperación de la información (RI) en general. Son múltiples los autores que han experimentado con la

---

1   Piao, Scott; *et al.* 2017. "A time-sensitive historical thesaurus-based semantic tagger for Deep semantic annotation". *Computer Speech & Language*, 46: 113–135.

estructuración del conocimiento "general" de cara a este desarrollo, por ejemplo, el proyecto FrameNet, o desde un determinado campo del saber, como es el caso del equipo del OLST, Université de Montréal, quienes han venido trabajando en el campo del medio ambiente: *Framed version of DiCoEnviro*. En España, contamos con la experiencia en esta orientación del grupo LexiCon de la Universidad de Granada, responsables del *EcoLexicon*. Pues si bien desde la ingeniería lingüística se han desarrollado herramientas globales que identifican la temática de los textos (Allan, 2012)[2], que extraen algún tipo de información textual, por ejemplo, las categorías de las relaciones entre distintas entidades (Miwa *et al.*, 2012)[3] o que identifican las categorías semánticas de unidades léxicas basadas en un sistema de clasificación de la información, dentro de este último grupo de herramientas, destacan los trabajos realizados en el marco de EuroWordNet (Vossen, 1998)[4]. Sin embargo, por lo que respecta a la industria agroalimentaria, no hemos encontrado trabajos que se centren en el desarrollo de modelos de estructuración del conocimiento experto basándose en la semántica de marcos; únicamente contamos en la actualidad con nomenclaturas en las que no se justifica el enfoque seguido para conceptualizar este campo del saber, tales como la nomenclatura de la FAO o de LanguaL, que se realiza desde criterios basados unas veces en la división de los campos del saber por criterios legislativos, o bien siguiendo la lógica clásica en cuanto a la teoría del conocimiento experto. Pues bien, por estos motivos, conocedora de este hueco en la investigación terminológica, la Dra. Ortego Antón nos brinda una excelente aportación en la que, a partir de un enfoque novedoso y especialmente iluminador respecto al proceso de anotación semántica y a sus posibles implicaciones en el desarrollo de herramientas de PLN, ha elaborado un mapa de anotaciones semánticas que aporta excelentes resultados de análisis y augura un amplio recorrido en aplicaciones y ampliaciones a medio y largo plazo.

Asimismo, y no menos importante, destacaríamos los resultados de su análisis comparando las estructuras de los equivalentes adoptados por los traductores respecto a los datos que se derivan de la confrontación de los mismos con los resultantes del análisis de su corpus C-GEFEM. Diría que con ello ha abierto una ventana a estudios posteriores que pueden corroborar algunas de las intuiciones

---

2   Allan, James. 2012. *Topic detection and tracking: event-based information organization*. Massachussets: Springer.
3   Miwa, Makoto; *et al.* 2012. "Extracting semantically enriched events from biomedical literature". *BMC Bioinformatics* 13 (1): 108. DOI: https://doi.org/10.1186/1471-2105-13-108
4   Vossen, Piek. 1998. *EuroWordNet. A Multilingual Database with Lexical Semantic Networks*. Dordrecht: Kluwer Academic Publishers.

de trabajos anteriores al respecto y que en su momento fueron pioneros al cuestionar principios que, hasta no hace no mucho, eran considerados como verdades casi universales por parte de los expertos de los Estudios de Traducción. Fue Corpas Pastor (2008)[5] quien realizó el primer trabajo empírico con esta hipótesis, en el que se incluía un volumen de datos significativo, dado el gran número de traducciones analizadas y para lo que se utilizaron herramientas de análisis de corpus también pioneras en su momento.

Así pues, por todo lo anteriormente expuesto estamos convencidos de que el presente trabajo despertará inquietudes en otros investigadores, pues son muchos los datos nuevos con los que nos enfrenta, necesitados claro está de análisis más detenidos y que hacen presuponer nuevos resultados derivados de los mismos que, con toda seguridad, la Dra. Ortego Antón abordará su estudio no tardando. Por otra parte, la lucidez de todo lo recogido hasta ahora en esta obra ayudará a incrementar el interés por la investigación en los estudios contrastivos, así como por las nuevas modalidades de traducción con las que se está viendo transformada la comunicación especializada multilingüe en la actualidad y que implicarán, a no tardar, un nuevo perfil del traductor profesional al que las universidades deberían dedicar un tiempo de reflexión para incorporar estas nuevas competencias que demanda el nuevo contexto tecnológico a los contenidos que los nuevos grados y títulos de máster en el Espacio Europeo de Educación Superior.

Purificación Fernández Nistal
CITTAC, Universidad de Valladolid

---

5   Corpas Pastor, Gloria. 2008. *Investigar con corpus en traducción: los retos de un nuevo paradigma*. Studien zur romanischen Sprachwissenschaft und interkulturellen Kommunikation, 49. Fráncfort: Peter Lang. ISBN: 978-3-631-58405-7.

Agradecimientos

Este trabajo se ha realizado en el marco del proyecto nacional de I+D titulado "Producción textual bilingüe semiautomática inglés-español con lenguajes controlados: parametrización del conocimiento experto para su desarrollo en aplicaciones Web 2.0. y 3.0." (Ref. F2016-75672-R, MINECO), coordinado por la Dra. Rabadán (Universidad de León) y, además, parcialmente en el seno de los proyectos "VIP: sistema integrado Voz-texto para IntérPretes'" (ref. FFI2016-75831-P, MINECO), coordinado por la Dra. Corpas Pastor (Universidad de Málaga) e "INTERPRETA 2.0: aplicación de herramientas TIC para la enseñanza-aprendizaje de la interpretación" (Ref. PIE 17–015, Universidad de Málaga).

En primer lugar, quisiera dar las gracias a la Dra. Purificación Fernández Nistal por leer con atención y revisar este volumen de forma desinteresada y, a pesar de sus múltiples obligaciones y de su apretada agenda, aceptar la propuesta de escribir el prólogo. Fue la primera persona en el ámbito académico en confiar en mí y mostrarme día a día el camino a seguir con sus conocimientos, su bondad y su ayuda generosa y desinteresada. Merece mi más sincera admiración y es un gran ejemplo a seguir.

Además, me gustaría agradecer la ayuda recibida por parte de la Dra. Rosa Rabadán, quien me brindó la oportunidad de formar parte del grupo interuniversitario ACTRES: Análisis Contrastivo y Traducción Inglés-Español y me ofreció participar en el proyecto arriba mencionado. Asimismo, me gustaría hacer extensivo el agradecimiento a los miembros que forman el equipo de ACTRES, que siempre han estado ahí para resolver las dudas.

No quisiera olvidarme de la ayuda recibida por la Dra. Marie-Claude L'Homme, del OLST (Universtié de Montréal), que fue quien me inició en la Semántica de Marcos y siempre está disponible para resolver cualquier cuestión.

Por último y no por ello menos importante, doy las gracias a Diego por su infinita paciencia, por aguantarme, por las horas robadas todos los días y, sobre todo, por su gran corazón y por estar ahí siempre apoyándome.

1. La traducción en el sector agroalimentario

1.1. Introducción

El desarrollo y la potenciación de la industria de la agroalimentación ubicada en las áreas escasamente pobladas del sur de Europa (*SSPA* por sus siglas en inglés) se presenta como la opción más prometedora a medio y largo plazo en regiones de amplia tradición agrícola y ganadera que, debido al éxodo poblacional durante décadas, se encuentran en el momento actual en riesgo de una alarmante despoblación. Entre los factores que pueden sustentar esta esperanza de revertir la mencionada más que preocupante tendencia a la que se están viendo abocadas muchas regiones de Europa creemos que destaca, especialmente, la urgente necesidad de diseñar de forma sistemática la visualización internacional de su actividad socioeconómica en la web del conocimiento.

De hecho, el sector agroalimentario es uno de los pilares básicos de la economía española, por lo que la relevancia de este sector es indudable, dado que constituye el sector económico de mayor importancia en España (MAPAMA, 2017), es el cuarto sector en Europa y el octavo en el mundo.

En consecuencia, el crecimiento económico de nuestro país y, especialmente, de las áreas escasamente pobladas del sur de Europa (*SSPA*) depende, en gran medida, de la capacidad de internacionalización del sector de la agroalimentación. Dentro de este sector, destaca la industria cárnica, que ocupa el primer lugar en lo que respecta a facturación y a empleos directos. Asimismo, esta industria contribuye a impulsar, a sostener y a mejorar las áreas rurales, sobre todo con la creación de puestos de empleo para evitar la despoblación. Sin embargo, la mayoría de las industrias pertenecientes a este sector se corresponden con pequeñas y medianas empresas (96,5 %), característica que se convierte en un obstáculo a la hora de tener acceso a la internacionalización, a la innovación y a la mejora de la productividad.

Actualmente somos testigos del aumento de las exportaciones de productos del sector cárnico español a la Unión Europea y a terceros países por varias causas, entre las que destacan los recientes acuerdos comerciales entre España y China, la modificación de la normativa de importación de productos cárnicos a Estados Unidos y el prestigio del que gozan los productos españoles por todo el mundo.

En este contexto, se requiere, ahora más que nunca, de profesionales de la traducción y de la redacción con formación en el sector agroalimentario para asistir a las empresas en el proceso de internacionalización, es decir, para adaptar los datos de sus productos: páginas web, fichas descriptivas de producto, fichas técnicas, etiquetado, información nutricional, etc., al mercado internacional con el objetivo de atraer nuevos consumidores y de fidelizar a los ya existentes.

Dentro del sector cárnico, los embutidos constituyen una parcela de conocimiento que no se ha estudiado en profundidad a pesar de la creciente necesidad de las empresas cárnicas por exportar sus productos al exterior. Por tanto, las empresas de embutidos requieren que se desarrollen herramientas lingüísticas que les asistan durante el proceso de internacionalización y que automaticen los servicios de redacción y de traducción del español al inglés.

Dado que el área de la agroalimentación no ha recibido la suficiente atención por parte de los Estudios de Traducción e Interpretación, puesto que son pocos los estudios centrados en este campo si los comparamos con otros dominios, en este trabajo pretendemos abordar desde una perspectiva contrastiva (español-inglés) un determinado género textual, las fichas descriptivas de embutido, por su valor no solo informativo, sino también persuasivo, así como por estar consideradas como el primer acercamiento textual que los consumidores consultan antes de adquirir un producto. Para obtener una aproximación de las fichas descriptivas de embutidos en las lenguas española e inglesa desde la perspectiva contrastiva vamos a emplear una metodología basada en corpus, que nos permitirá ahondar en la estructura retórica de este género textual en las lenguas española e inglesa. Además, dicha metodología hará posible recopilar, presentar y sistematizar la terminología del campo de los embutidos con el fin último de desarrollar una base de datos terminológica bilingüe que podrá aplicarse a la consulta, a la corrección y a la redacción de textos, a la traducción e interpretación e, incluso, a la sistematización de la terminología de dicho sector. Por ello, desde esta perspectiva nuestro trabajo va dirigido a un amplio grupo de usuarios: empresarios del sector cárnico y de la agroalimentación, consumidores españoles o extranjeros, traductores e intérpretes, mediadores lingüísticos, redactores multilingües, profesionales del marketing agroalimentario, periodistas y redactores, etc. Con nuestra aportación pretendemos facilitar la comunicación al mencionado grupo de usuarios y les asistiremos a paliar los problemas de comunicación interlingüística en el proceso de internacionalización de la producción.

Por lo que respecta a la estructura de esta obra, en primer lugar, definiremos el objeto de estudio, las fichas descriptivas de embutidos como género textual (Capítulo 2) para, a continuación, destacar la importancia de los corpus como herramientas de traducción y, por tanto, aplicar una metodología basada en corpus (Capítulo 3) para analizar desde una perspectiva contrastiva tanto la estructura retórica de este género textual (Capítulo 4) como la terminología específica del sector, basándonos en la frecuencia de uso, tanto en la lengua española como en la lengua inglesa (Capítulo 5). En última instancia, compilaremos una base de datos terminológica bilingüe en español y en inglés (e-DriMe) que pueda asistir a un gran espectro de usuarios a implementar la visualización internacional de la actividad socioeconómica del sector de las empresas cárnicas en la web de conocimiento. Con los resultados que se desprendan del análisis de la estructura retórica y de la terminología desde una perspectiva contrastiva en las lenguas española e inglesa podremos extraer las conclusiones (Capítulo 6).

Para fundamentar este trabajo comenzaremos ofreciendo una breve descripción de los diferentes estudios contrastivos y de traducción en el sector de la agroalimentación desarrollados hasta la fecha, que justifican la necesidad de profundizar en el estudio del campo de la agroalimentación desde los Estudios en Traducción e Interpretación, puesto que es un dominio que no ha captado la suficiente atención por parte de los investigadores.

1.2. Estudios previos sobre la traducción en el sector agroalimentario

A pesar de la relevancia que la traducción tiene en el sector agroalimentario como vehículo para transmitir el conocimiento en otras lenguas y culturas, del amplio mercado potencial de trabajo y de la cantidad de textos que se generan, la investigación no ha centrado su interés en los géneros textuales de este sector socioeconómico y la literatura dedicada a la traducción dentro del ámbito agroalimentario es bastante reciente y, a su vez, no goza de la misma popularidad que en otros campos como, por ejemplo, la medicina, la economía o la tecnología.

Además, desde la perspectiva de la formación de traductores, Rivas Carmona y Veroz González (2018: VII) indican que la traducción agroalimentaria se estudia solo tangencialmente en asignaturas y cursos dedicados a diversos tipos y géneros textuales: textos científicos, técnicos, biosanitarios, publicitarios, etc. De hecho, pese a que en la oferta académica universitaria española podemos encontrar múltiples asignaturas cuyos contenidos incluyen de forma explícita o dejan abierta la inclusión de contenidos sobre agroalimentación, la presencia, por ejemplo, de asignaturas en los grados en Traducción e Interpretación dedicadas plenamente a la traducción de textos agroalimentarios es muy escasa y, prácticamente, se limita a la Universidad de Córdoba.

Una posible causa podría ser el hecho de que tradicionalmente la traducción agroalimentaria se haya circunscrito exclusivamente al sector de la hostelería y de la restauración. Prueba de ello, es la infinidad de glosarios y bases de datos existentes al respecto, muchas de ellas recopiladas por Torra (2017: 48–50).

Desde la perspectiva del traductor y de los obstáculos a los que hay que dar respuesta durante el trasvase interlingüístico, son varios los trabajos que han focalizado el interés en este campo. Por ejemplo, Epstein (2009) aborda los retos y dificultades de los traductores a la hora de traducir recetarios de cocina. Entre las barreras, destaca la diferente disponibilidad de los ingredientes en cada una de las culturas, la disparidad de los cortes de la carne, que difieren en cada país, el trasvase de las medidas en función del sistema métrico utilizado en la cultura meta, así como el menaje, las cazuelas, ollas y sartenes, que no son idénticas en cada cultura.

Para solucionar este tipo de dificultades, Durán Muñoz y Moral Álvarez (2014) ofrecen una muestra de recursos relacionados con la traducción agroalimentaria inglés-español que evalúan de acuerdo con unos parámetros con el fin de determinar si satisfacen las necesidades documentales de los traductores de textos agroalimentarios.

Por otro lado, en las dos últimas décadas hemos observado un aumento del interés de los investigadores por abordar este campo. En este sentido, se han organizado varios congresos y conferencias sobre la traducción agroalimentaria, por ejemplo, *Second International Conference on Food and Culture in Translation* (FaCT, 19–21 mayo 2016 – Universidad de Catania – Italia). De dicha conferencia derivó un número especial publicado en la revista *Terminology*, editado por Temmerman y Dubois (2017).

En ese mismo año, la revista *Terminàlia* publicó un número especial titulado "Gastronomía y Terminología", en el que confluyen los neologismos, la variación terminológica y la creación léxica de la terminología de la alimentación y de la gastronomía.

Además, conscientes de la escasez de trabajos en este campo del saber, Rivas Carmona y Veroz González (2018) publicaron un monográfico titulado *Agroalimentación: lenguajes de especialidad y traducción*, en el que recogen contribuciones sobre traducción e interpretación en el ámbito agroalimentario en tres combinaciones lingüísticas: inglés-español, francés-español y alemán-español.

Asimismo, hemos observado núcleos de interés centrados en el trasvase interlingüístico de un determinado producto. Por ejemplo, en la Universidad de Jaén se ha estudiado el aceite de oliva y su traducción a varias lenguas (Roldán Vendrell, 2010; Montoro del Arco y Roldán Vendrell, 2013). De hecho, entre los resultados del grupo de investigación coordinado por Roldán Vendrell destaca la publicación del *Diccionario de Términos del Aceite de Oliva (DTAO)* (Roldán Vendrell, 2013), que recoge 410 términos en español y sus equivalentes en dos lenguas clave en el contexto del mercado internacional: el inglés y el chino.

El sector oleico y, especialmente, su terminología en los pares de lenguas de francés y español también ha sido objeto de estudio por parte de Castellano Martínez (2018: 31–45), que recoge los principales fundamentos de carácter teórico y cultural del sector de la olivicultura y los analiza desde una perspectiva contrastiva en las lenguas española y francesa.

Por otro lado, tenemos constancia de la investigación que se está desarrollando en torno al sector turronero desde el IULMA de la Universidad de Alicante (Santamaría Pérez, 2015, 2016, 2017). Uno de los productos resultantes se corresponde con el *Diccionario LID Turrón* (Santamaría, 2015), que cuenta con más de 500 términos definidos de turrones, mazapanes y otros dulces, tradición, materias primas, producción, nutrición y salud, legislación y comercialización. Dichos términos están acompañados de sus correspondientes traducciones al catalán, inglés, ruso, árabe y chino.

Puesto que la demanda exterior del sector vitivinícola hizo posible que la exportación de un producto como el vino se incrementase exponencialmente, el trasvase interlingüístico en este sector ha aumentado considerablemente y, por ende, son varios los grupos de investigación que se han centrado en el estudio de este producto desde una perspectiva lingüística.

Por ejemplo, el GIR Traduvino[6] de la Universidad de Valladolid, coordinado por Ibáñez Rodríguez, ha organizado varios congresos internacionales sobre la lengua de la vid, el vino y su traducción. Asimismo, son numerosas las publicaciones centradas en el estudio contrastivo de este campo del saber en las lenguas francesa y española (Ibáñez Rodríguez, 2014, 2015, 2017).

También en el sector vinícola se centran los trabajos del proyecto WeinApp[7], liderado por Balbuena Torezano, de la Universidad de Córdoba. En este proyecto se analiza el estudio y la traducción de la terminología relacionada con el vino en inglés, español y francés. El objetivo final del proyecto se corresponde con la creación de una aplicación denominada WeinApp para dispositivos móviles con la que divulgar el conocimiento en materia de viticultura y vinicultura, dada la importancia de este sector en la cultura y la economía de la provincia de Córdoba con la Denominación de Origen Montilla-Moriles. En este contexto destacan los trabajos de Castillo Bernal (2018), Noya Gallardo (2018), Ramírez Almansa (2018) y Zarco-Tejada (2018). Además, la terminología de la D.O. Montilla-Moriles ha sido estudiada en profundidad por Prieto Velasco (2014).

---

6 http://girtraduvino.com/es/ (Fecha de consulta: 11/02/2019).
7 https://www.uco.es/weinapp/ (Fecha de consulta: 11/02/2019).

No obstante, el sector vinícola también ha sido objeto de interés más allá de las fronteras españolas. Por ejemplo, Leroyer, de Aarhus University (Dinamarca), coordinó el proyecto Words4Wine en colaboración con la Universidad de Borgoña (Francia) y recientemente publicó Oenolex (Leroyer, 2018), un diccionario electrónico monolingüe sobre notas de cata y comunicación especializada del vino basado en la teoría funcional de la lexicografía (Bergenholtz y Tarp, 2003).

De hecho, el grupo interuniversitario ACTRES: Análisis Contrastivo y Traducción[8] de la Universidad de León (España), coordinado por Rabadán Álvarez, también ha estudiado el sector vitivinícola. Prueba de ello son los numerosos trabajos contrastivos en inglés y en español sobre las notas de cata desde la perspectiva retórica y terminológica de López Arroyo et al. (2010) y de López Arroyo y Roberts (2014, 2015, 2016, 2017a, 2017b, entre otros). No obstante, en la investigación de este grupo interuniversitario también se incluye el estudio de otros productos dentro del sector agroalimentario, con trabajos que se centran en las descripciones en línea del queso (Labrador y Ramón, 2015; Ramón y Labrador, 2018), las recetas de cocina (Rabadán et al., 2016) o los embutidos y las chacinas (Ortego Antón, en prensa; Ortego Antón y Fernández Nistal, en prensa). Asimismo, el grupo interuniversitario ACTRES ha desarrollado varias aplicaciones semiautomáticas de ayuda para la redacción de textos agroalimentarios del español al inglés basadas en el procesamiento del lenguaje natural en diversos subcampos, por ejemplo, BiTexCook, GDQ, FITEVI, GDEGA, PROMOCIONA-Té y GEFEM.

Dado que el presente trabajo se contextualiza en el marco del proyecto de investigación titulado "Producción textual bilingüe semiautomática inglés-español con lenguajes controlados: parametrización del conocimiento experto para su desarrollo en aplicaciones web 2.0. y 3.0." (REF. FFI2016-75672-R) coordinado por Rabadán Álvarez, nuestra aportación está centrada en obtener una aproximación de las fichas descriptivas de embutidos desde una perspectiva contrastiva en las lenguas española e inglesa que incluya la retórica y el léxico especializado de este género textual. De esta manera, los resultados que se desprendan serán de utilidad para mejorar la comunicación entre los distintos colectivos implicados en el proceso de elaboración, comercialización y consumo de los embutidos. Además, dichos resultados harán posible que la terminología de este campo se represente lingüística y conceptualmente en e-DriMe, una base de datos terminológica español-inglés sobre embutidos basada en la semántica de marcos cuya principal característica es que ofrece la posibilidad de integrarse en herramientas y aplicaciones semiautomáticas de redacción y traducción del español al inglés.

---

8   https://actres.unileon.es/wordpress/?lang=es (Fecha de consulta: 22/03/2019).

2. Las fichas descriptivas de embutidos como género textual

2.1. Introducción

Las fichas descriptivas de embutidos son un elemento clave para las empresas cárnicas porque ofrecen una descripción de las características, de los usos y de las propiedades de un determinado producto y, además, tienen un valor persuasivo que hace que el consumidor se decante y compre un producto, especialmente a través del comercio electrónico.

Para abordar el tratamiento de las fichas descriptivas de embutidos desde una perspectiva interlingüística que incluya las lenguas española e inglesa, en primer lugar, consideramos necesario definir y acotar tres conceptos básicos: género textual, tipo textual y clase textual. Partimos de la premisa de que estos tres conceptos guardan una estrecha relación entre sí, pero no existe consenso en la literatura a la hora de delimitar dichos conceptos puesto que, en función del paradigma lingüístico desde el que se aborden, observamos que las definiciones pueden llegar a solaparse entre sí y las denominaciones ponen de manifiesto la escasa univocidad existente.

2.2. Género, clase y tipo textual

2.2.1. El género textual

El concepto de género es controvertido y, actualmente, no existe consenso entre los investigadores para ofrecer una única definición, puesto que se puede abordar desde diversas perspectivas y, en consecuencia, el término "género textual" hace referencia a conceptos próximos con significados diferenciados.

Aunque el concepto de género textual tiene su origen dentro de los estudios literarios y cuenta con una larga tradición, por ejemplo, se diferencian géneros como la novela, el cuento, la poesía, etc.; desde la década de 1980 existe un creciente interés en los lenguajes de especialidad por aplicar este concepto para clasificar de alguna forma los textos de cada registro por motivos pedagógicos (Pizarro, 2010: 12). Prueba de ello es el desarrollo de este campo y la infinidad de estudios publicados hasta la fecha, ya sea desde la perspectiva de la lingüística sistémico-funcional (Martin, 1997; Eggins y Martin, 2000 y 2003), de la lingüística textual (Heinemann, 2000), de la lingüística de corpus (el grupo ACTRES), de los lenguajes de especialidad o lenguas para fines específicos (Swales, 1990/2001; Bhatia, 1993) y, por supuesto, de los Estudios de Traducción (los grupos ACTRES y GENTT).

Como resume Conde (2014: 86–88) haciendo referencia a Borja Albi (2007b: 2–3) y Monzó (2007: 114–115), la noción de género en los Estudios de Traducción se nutre de diversas aportaciones:

1. La Escuela Australiana, basada en la lingüística sistémico-funcional (Martin, 1997; Eggins y Martin, 2002, 2003), que se fija en las características lingüísticas, las elecciones léxicas y la organización en secuencias (García Izquierdo, 2009: 15).
2. La Escuela Norteamericana (Burke, Searle y Austin), que se ocupa de los actos de habla y de las formas en que los hablantes participan en las actividades socialmente organizadas (Bazerman, 1999: 1; en García Izquierdo, 2009: 15).
3. Los trabajos en el marco del enfoque textual (la Escuela de Leipzig, Hatim y Mason, Baker o Koller, entre otros), así como la figura de Bazerman que, con una visión más instrumental y aplicada, definió el concepto de sistema de géneros. En España destacan los trabajos publicados en el seno del grupo GENTT. Asimismo, los trabajos de Swales (2004), a quien se debe la distinción entre tipo textual y género, y de Bhatia (2004), quien acuñó el concepto de colonias de géneros, supusieron grandes avances para de la investigación centrada en este concepto en el marco de los Estudios de Traducción.

En cualquier caso, como indica Monzó (2007: 124), la preocupación por el concepto de género en los Estudios de Traducción se debe al paso de una concepción interlingüística a una intercultural. Con tan variados antecedentes, parece lógico que el concepto de género haya recibido diversas denominaciones según el enfoque desde el que se aborde: ya sea incidiendo en los aspectos textuales y en las características internas que comparten los textos pertenecientes a un mismo género, en el contexto social y comunicativo o desde una perspectiva integradora y holística (Ezpeleta, 2008: 430).

En este trabajo emplearemos esta última concepción, que integra tanto las convenciones interlingüísticas como los aspectos comunicativos y sociales. En este sentido, Swales (1990/2001: 45 y ss), tras analizar el concepto de género desde diferentes paradigmas como la cultura, la literatura, la lingüística y la retórica, ofrece una definición de género que ha servido de pilar fundamental para posteriores trabajos de numerosos investigadores:

A genre comprises a class of communicative events, the members of which share some set of communicative purposes. These purposes are recognized by the expert members of the parent discourse community, and thereby constitute the rationale for the genre. This rationale shapes the schematic structure of the discourse and influences and constraints choice of content and style. Communicative purpose is both privileged criterion and one that operates to keep the scope of a genre as here conceived narrowly focused on comparable rhetorical action. In addition to purpose, exemplars of a genre exhibit various patterns of similarity in terms of structure, style, content and intended audience. If all high probability expectations are realized, the exemplar will be viewed as prototypical by the parent discourse community. The genre names inherited and produced by discourse communities and imported by others constitute valuable ethnographic communication, but typically need further validation (Swales, 1990/2001: 58).

En la definición previa, Swales pone de manifiesto que la intención comunicativa se corresponde con el principal aspecto que determina un género. Además, el género se caracteriza por contar con la aceptación y el reconocimiento de la comunidad discursiva en la que se desarrolla, y los textos pertenecientes a un mismo género textual comparten la misma estructura, un estilo semejante, un contenido parejo y están dirigidos a una audiencia análoga.

A la definición de Swales (1990/2001), Lee (2001: 46) añade el elemento cultural: "*a culturally recognised artefact, a grouping of texts according to some conventionally recognised criteria, a grouping according to purposive goals, culturally defined*".

Como hemos señalado previamente, muchos de los elementos incluidos en la definición de Swales (1990/2001) posteriormente fueron recogidos por Bhatia (2004: 23), quien amplió la definición de género textual dotando a este concepto de un mayor número de características:

1. *Genres are recognizable communicative events, characterized by a set of communicative purposes identified and mutually understood by members of the professional or academic community in which they regularly occur.*
2. *Genres are highly structured and conventionalized constructs, with constraints on allowable contributions not only in terms of the intentions one would lie to give expression to and the shape they often take, but also in terms of the lexico-grammatical resources one can employ to give discoursal values to such formal features.*
3. *Established members of a particular professional community will have a much greater knowledge and understanding of the use and exploitation of genres than those who are apprentices, new members or outsiders.*
4. *Although genres are viewed as conventionalized constructs, expert members of the disciplinary and professional communities often exploit generic resources to express not only "private" but also organizational intentions with the constructs of "socially recognized communicative purposes".*

5. *Genres are reflections of disciplinary and organizational cultures, and in that sense, they focus on social actions embedded within disciplinary, professional and other institutional practises.*
6. *All disciplinary and professional genres have integrity of their own, which is often identified with reference to a combination of textual, discursive and contextual factors.*

En la anterior definición son varios los elementos que destacan por influir en la naturaleza del género: son eventos comunicativos que tienen una finalidad, un grupo de usuarios, están estructurados y utilizan una serie de convenciones y de recursos característicos y conocidos por una determinada comunidad profesional. Dichos recursos son comunes a la mencionada comunidad y están vinculados a una cultura concreta. Por último, tienen integridad por sí mismos porque combinan aspectos textuales, discursivos y contextuales.

También observamos que Bhatia (2004) añade los factores psicolingüísticos, tales como la comunidad de uso, la relación emisor-receptor del discurso y el grado de especialización, que pueden suponer un cambio de género o la aparición de un subgénero, incluso en los casos en los que se comparte la finalidad comunicativa (Ezpeleta, 2008: 430).

Por otro lado García Izquierdo (2002: 3) considera que los géneros son una "forma convencionalizada de texto que posee una función específica en la cultura en la que se inscribe y refleja un propósito del emisor previsible por parte del receptor". Asimismo, recoge los siguientes elementos:

a) forma convencionalizada que implica el uso de elementos lingüísticos y estructurales;
b) la función específica;
c) la cultura en la que se inscribe;
d) la intención comunicativa del emisor;
e) la previsibilidad para el receptor (es reconocido y aceptado en la comunidad discursiva en la que se produce).

Esta concepción de género sigue la línea de Hatim y Manson (1990: 241), que definieron género como *"conventional forms of texts associated with particular types of social occasions"*. Estos autores ponen de manifiesto el interés por los formatos convencionalizados que suelen asociarse a los géneros, así como por los aspectos socioculturales *(social occasions)*. De hecho, los géneros son formas convencionales de texto asociadas a determinadas ocasiones sociales, que están en evolución, pueden variar en el tiempo, en los distintos campos del saber y entre culturas.

En un trabajo posterior, García Izquierdo (2007: 122) profundiza en la definición y advierte que la naturaleza del género es abstracta y cambiante. Ezpeleta (2008: 4) precisa que el género engloba factores esenciales, que son comunicativos, sociales y culturales, formales y cognitivos.

De este modo, como señala Pizarro (2010: 12), los géneros textuales se definen por las siguientes características:

> Conjunto de textos con características similares a un prototipo definido.
> Utilizados por una misma comunidad discursiva.
> Estables con respecto a las características desde el punto de vista sincrónico.
> Comparten función o propósito comunicativo.
> Tienen una misma estructura organizativa.
> Presentan rasgos léxicos, terminológicos y gramaticales comunes.
> Mantienen unidad de contenido.

En consecuencia, estamos ante un concepto poliédrico e integrador (García Izquierdo, 2012: 37), que tiene una triple dimensión: formal, comunicativo-contextual y cognitiva. Esta triple dimensión resulta de gran utilidad para los estudios contrastivos y de traducción, puesto que como señala García Izquierdo (2012: 46):

> Desde el punto de vista comunicativo, en el análisis del género textual se toman en consideración el espacio de comunicación y las relaciones que se establecen entre los participantes, así como las acciones llevadas a cabo por estos en dicho espacio comunicativo.
> Desde el punto de vista formal, en el análisis del género textual se consideran los elementos convencionales que se corresponden con las expectativas de los lectores, generadas por el contexto socio-comunicativo y que guían el proceso de creación y comprensión del texto.
> Por último, desde el punto de vista cognitivo, en el análisis del género textual se consideran los modos en que cada comunidad entiende, organiza y transforma la realidad que le rodea.

Además, los géneros no son estáticos, sino que están en permanente cambio. Tampoco son constructos cerrados e independientes, dado que un mismo género puede pertenecer a varios campos del saber, de ahí la dificultad que puede surgir, en ocasiones, para adscribirlos a un determinado campo profesional.

A la vista de todas las definiciones enunciadas, el concepto de género es clave en los estudios contrastivos y de traducción, dado que el género ayuda a los profesionales de la redacción multilingüe y a los traductores a reconocer las prácticas comunicativas de las diferentes comunidades culturales. Asimismo, el género facilita la labor documental de los mencionados profesionales a la hora de compilar un corpus y les hace tomar conciencia de la función comunicativa, de la intencionalidad, de los participantes, de la estructura organizativa, así como de las características léxicas, terminológicas y gramaticales del texto objeto de traducción. En este sentido, Hurtado Albir (2001: 492) señala que es importante conocer las normas que rigen dichos textos, puesto que, en el caso de la traducción especializada, se trata de textos que pueden tener convenciones muy fijas. Asimismo, la observación de las convenciones asociadas a los géneros de las distintas lenguas y culturas con las que trabajan los traductores y los redactores multilingües permite detectar los patrones y los modelos de comportamiento que pueden servir de guía y de consulta textual, conceptual, lingüística y terminológica, de manera que el género "se convierte así en el depositario de todos los aspectos de análisis fundamentales para el traductor" (García Izquierdo, 2009: 11).

Tabla 1. Aspectos internos y externos para identificar un género (Bhatia, 2004: 123-130; adaptado por Cristobalena Frutos, 2016: 68).

Internos	Contextual	Contexto cercano: • Relación emisor / receptor, actitud, distancia / proximidad social y sus objetivos. • Los textos adyacentes y la tradición lingüística del género en particular. • La complejidad del medio usado.
		Contexto amplio: • Naturaleza histórica, socio-cultural, filosófica u ocupacional de la disciplina. • Estructura social, interacciones, historia, metas de la comunidad académica o profesional. • La realidad extra-textual que se intenta representar y su relación con el texto.
	Textual	Retórico-gramaticales: • Aspectos estadísticamente significativos del léxico y la gramática. • Patrones de texto o textualización de propósitos y preocupaciones. • Patrones cognitivos o estructura discursiva de género.
	Intertextual	Relación con otros textos: • Textos que proveen un contexto (carta a contestar). • Textos alrededor del texto (un capítulo de un libro). • Textos a los que se hace referencia explícitamente (bibliografía). • Textos a los que se hace referencia implícitamente (un refrán). • Textos dentro de otros textos (una conversación dentro de una historia). • Textos mezclados en el texto (citas).

Externos	Prácticas discursivas	Tipo de texto que debemos utilizar para nuestro objetivo: • Qué tipo de géneros se utilizan en cada disciplina: una carta, una llamada o un correo electrónico. • Límites en cada tipo de textos.
	Procedimientos discursivos	Contribuyen a la construcción del texto y son esencialmente en *quién* contribuye a *qué* en *qué momento* y *por qué medios* (interdiscursividad del género): • ¿Cómo construye, interpreta, usa y explota el experto el género profesional? • ¿Quiénes son los participantes en la construcción del género? • ¿Quién tiene la autoridad a la hora de crear un género específico? • ¿Cómo funcionan los mecanismos participativos en un contexto específico? • ¿Quién tiene el control en cada momento del proceso?
	Cultura disciplinar	Incluye: • Objetivos profesionales. • Normas y convenciones genéricas. • Identidad de la organización y la profesión.

Una vez descritos los parámetros para determinar si un texto puede circunscribirse en un determinado género textual y previamente a definir el concepto de tipo textual, consideramos pertinente detenernos en abordar el concepto de registro, que está estrechamente vinculado con el concepto de género.

Como indica Bhatia (2004: 30), el registro se identifica en función de la configuración de tres elementos contextuales: campo, tenor y modo. Rabadán y Fernández Nistal (2002: 20) definen estos tres elementos de la siguiente manera:

a. El *campo* se ocupa de aquellos significados que determinan la esfera de actividad humana en que el texto es / va a ser relevante. Representa el *qué* del texto y se corresponde con la función ideacional del sistema abstracto de la lengua.
b. El *tenor* agrupa aquellos significados que derivan de las relaciones entre los participantes, tanto desde el punto de vista estrictamente lingüístico (escalas de formalidad) como desde el punto de vista del *skopos* o función final. Representa a los *participantes* y está en la relación con la función interpersonal.
c. El *modo* permite analizar las relaciones entre el uso de la lengua y las expectativas comunicativas de los usuarios reflejadas en la selección del modo textual, estilo retórico, etc. Representa el *cómo* y está en relación con la función textual.

Además, el contexto sociocultural en el que se utiliza un determinado texto condiciona el género y este, a su vez, condiciona los elementos del registro (campo, tenor y modo), lo que se plasma en las decisiones lingüísticas que afectan tanto a la macroestructura (movimientos y pasos) como a la microestructura (cohesión gramatical y cohesión léxica). De este modo, como indica Pizarro (2010: 17), los registros se realizan por medio de un número variable y no cerrado de géneros. Un mismo género se puede realizar a través de varios registros diferentes, por ejemplo, el género "artículo de investigación" se realiza a través de numerosos registros como son el económico, científico, técnico, legal, etc.

Asimismo, puede surgir confusión entre género, registro y dominio, categorizado este último por su contenido y por el campo del saber más que por los elementos de campo, tenor y modo. De hecho, en la Figura 1 se pueden observar las diferencias entre género, registro y dominio.

Figura 1. Relación entre género, registro y dominio (Adaptado de Bhatia, 2004: 31).

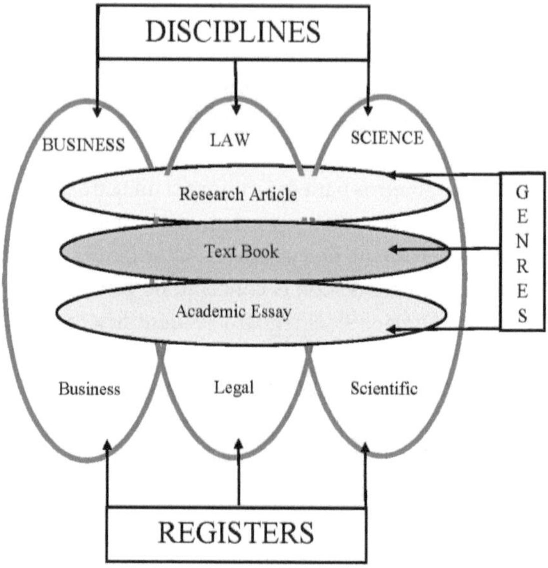

```
                        DISCIPLINES

        BUSINESS       LAW          SCIENCE
              Research Article              G
                                            E
                 Text Book                  N
                                            R
              Academic Essay                E
                                            S
        Business       Legal        Scientific

                         REGISTERS
```

En consecuencia, cuando nos referimos a un género, lo hacemos en el sentido de textos completos y estructurados. Por lo que respecta a registro, empleamos este término para hacer mención a una serie de elecciones estilísticas generalizadas asociadas a situaciones de uso y que conforman patrones de variación dentro de las diferentes características que tienen los tipos de textos (Biber, 2012: 191).

Por tanto, una vez delimitado y definido el concepto de género y establecida la relación que este guarda con los conceptos de registro y de dominio, procedemos a definir qué es el tipo textual.

2.2.2. El tipo textual

El empleo de esta denominación tampoco está exenta de oscilación terminológica y de imprecisión conceptual, puesto que no existe una definición exacta y de aceptación generalizada y, en ocasiones, el término tipo textual se utiliza para hacer referencia al género textual.

> For some systemicists, genre is sometimes used in a broad sense to refer to register variation, such as journalistic language, legal language, scientific discourse, etc. Other scholars mix genres with rhetorical types, naming expositions and argumentative texts as genres. (Trosbog, 1997: viii; en Pizarro, 2010: 11).

Como indica Pizarro (2010: 11), esta confusión se debe en parte a que el término "*text type*" en lengua inglesa es una traducción que en lengua alemana hace referencia a dos conceptos distintos: "*Textyp*" y "*Textsorte*". No obstante, son pocos los estudios que diferencian estos dos conceptos, hasta el punto de que algunos emplean "género" y "tipo textual" indistintamente, como se puede apreciar en la definición ofrecida por Neubert y Shreve (1992: 126 y ss):

> *socially institutionalized tools whose implementation must be understood as a form of specific social knowledge [...] Text type is not a textual pattern, but an organized set of expectations and recognitions which must be used to generate the patterns.*

Sin embargo, Hatim y Manson (1990) son críticos con las clasificaciones textuales porque se limitan a emplear una serie de variables que no se caracterizan por ser metodológicamente consistentes. En este sentido, consideran que la clave para identificar un tipo textual es la finalidad retórica, definida como "*the set of mutually relevant communicative intentions that readers distinguish on the basis of their previous experience of similar texts*" (Hatim y Manson, 1990; en García Izquierdo, 2000: 285). Por tanto, la finalidad retórica no deriva del objetivo inmediato de texto (persuadir, prometer, amenazar, etc., puesto que el lector puede, por ejemplo, ser persuadido a través del argumento, la narración, la descripción, etc.), sino de la función principal.

García Izquierdo (2000) reflexionó sobre el concepto de tipo textual y su importancia para el traductor. Esta autora incide en que en la literatura se pueden encontrar muchas definiciones (Sandig, 1972; House, 1981; Reiss, 1982; Wilss, 1984; Emery; 1991; en García Izquierdo, 2000: 284), que tienen por objetivo proporcionar criterios para clasificar los textos dentro de una determinada tipología y, además, recomendar estrategias de traducción para cada una de las mencionadas tipologías textuales. No obstante, vuelve a poner de manifiesto la falta de consenso en lo que atañe a la definición del concepto de tipo textual (Reiss y Vermeer, 1984/1991: 172; Gläser, 1990: 30-33; 1995: 2 y ss; López Rodríguez, 2000: 78), probablemente por la complejidad de elementos lingüísticos y extralingüísticos que se interrelacionan en la creación del texto. Por tanto, cualquier estudio sobre tipología textual exige llevar a cabo una aproximación interdisciplinar que considere los aspectos cognitivos, lingüísticos y sociales implicados en la producción y en la recepción de los textos.

En consecuencia, ante el anisomorfismo existente, en este estudio vamos a basarnos en la concepción de tipo textual propuesta por Hatim y Manson (1990), puesto que estos autores ofrecen cobertura a distintos elementos y su definición es lo suficientemente flexible como para acomodarse a la diversidad real: "*a conceptual framework which enables us to classify texts in terms of communicative intentions serving an overall rhetorical purpose*" (Hatim y Manson, 1990: 140). Entre las intenciones que están al servicio del señalado propósito retórico global, identifican cuatro:

1. llamar la atención de los lectores;
2. anunciar un tema;
3. expresar apoyo a un proyecto;
4. justificarlo por argumentación.

Normalmente es posible identificar en los textos más de una intención, fenómeno denominado por Hatim y Mason como "hibridación".

Por lo que respecta a la descripción de los tipos textuales básicos, en función del enfoque desde el que nos aproximemos a este concepto observamos gran variedad de clasificaciones.

Por ejemplo, desde el enfoque funcional, basado en la función del texto, Reiss (1971/2000: 20) diferencia tres tipos textuales:

> Tipo informativo: en estos textos predomina la función representativa y transmiten ante todo un contenido.
> Tipo expresivo: domina la función expresiva y prevalece la forma (el cómo) sobre el contenido (el qué).
> Tipo operativo: predomina la función apelativa. En ellos, se persigue una reacción determinada por parte del lector (Reiss, 1971/2000: 38–44).

Además, en un nivel diferente Reiss (1971/2000: 49) añade un cuarto grupo, atendiendo al medio utilizado, que denomina textos multimedia.

Asimismo, Hatim y Manson (1990: 198 y ss) proponen tres tipos textuales básicos que, a su vez, dividen en varios subtipos:

a) La exposición: Se presentan conceptos, objetos y acciones sin emitir una valoración sobre los mismos. Dentro de este tipo se pueden reconocer tres subtipos:

- Descripción: Se centra en la observación de objetos en el espacio.
- Narración: Aborda la presentación de acciones en el tiempo.
- Exposición conceptual: Analiza los conceptos adoptando una postura de distanciamiento frente a los mismos.

b) La argumentación: Se valoran conceptos y creencias. Se pueden establecer dos subtipos dentro de esta categoría:
- Contraargumentación, en la que se presenta una tesis para ser rebatida.
- Argumentación íntegra, en la que se expone una tesis y se defiende con todos los argumentos posibles.

c) La instrucción: La atención se focaliza en la formación de conductas futuras. Dentro de las instrucciones, las hay con alternativa, como la que está presente en los textos publicitarios y en los consejos al consumidor, y sin alternativa, como la que se recoge en los contratos y en los tratados internacionales.

A partir de los tres tipos propuestos por estos autores, Gamero Pérez (2001: 36–37) utiliza tres focos o funciones: la función argumentativa, la función expositiva y la función exhortativa. La función argumentativa "consiste en la valoración de las relaciones entre diversos conceptos", la función textual expositiva "consiste en el análisis de unos conceptos dados, o bien en la síntesis a partir de sus elementos constituyentes" con tres variantes: exposición conceptual (concepto), descripción (situaciones) y narración (acciones); y en la función exhortativa "el emisor pretende regular el modo de actuar o pensar de las personas por medio de la exhortación o de la instrucción".

Para definir nuestro objeto de estudio emplearemos la clasificación de tipos textuales que ofrece Pizarro (2010: 57–61), basada en Hatim y Manson (1990), y que hemos adaptado al campo de la agroalimentación:

1. El tipo textual expositivo, también denominado informativo, es uno de los tipos textuales más utilizados en el género de las fichas de producto, por ser el que se emplea para presentar y transmitir la información de forma objetiva, sin intención explícita y prioritaria de convencer, pero incluyendo descripciones explicativas, datos, comparaciones, etc. El tono es formal, impersonal y sin subjetividad, incluso llegando a incluir tablas y gráficos. Suelen ser textos muy estructurados, por lo que es frecuente encontrar marcadores y conectores discursivos de tipo lógico. Además, en estos textos se marcan de forma clara los apartados con títulos y numeraciones, lo que facilita su lectura y comprensión. Un ejemplo de este tipo de textos se correspondería con la ficha técnica de un determinado embutido.

Figura 2. Fragmento de ficha técnica de chorizo de la empresa Embutidos Moreno Sáez[9].

CARACTERÍSTICAS GENERALES DE LOS COMPONENTES (OGM, Alérgenos, Irradiados)	
Mezcla de carnes, aditivos, ingredientes y condimentos para uso alimentario en la elaboración de productos cárnicos embutidos picados crudo curados. Sin componentes Genéticamente modificados. Sin componentes irradiados. Declaración de alérgenos: Ninguno. Tipo de Tripa: Tripa de colágeno (Fibran), calibre 32 de 75 cm. de longitud.	
CARACTERÍSTICAS ORGANOLÉPTICAS	
Aspecto: Redondo, ligeramente rugoso, consistente y correcto ligado al corte. **Color:** Rojo de carne curada, sin coloraciones anormales y con una diferenciación neta entre fragmentos de magro y tocino. **Aroma:** Característico. **Sabor:** Característico.	
CARACTERÍSTICAS FÍSICO QUÍMICAS.	
PARÁMETROS	TOLERANCIAS
HUMEDAD:	≤ 45 %

2. El tipo textual argumentativo se utiliza para convencer o influir en el receptor, por ejemplo, para persuadir al consumidor de que compre un determinado producto. En este género se pueden incluir los anuncios publicitarios.

Figura 3. Publicidad de la campaña promocional de chorizo ecológico de La Hoguera[10].

3. El tipo textual expositivo-argumentativo es el más frecuente en el dominio de la agroalimentación, puesto que informa sobre los aspectos específicos de un determinado producto, pero a la vez intenta persuadir al consumidor para que compre el mencionado producto, como ocurre con las fichas descriptivas de embutidos.

---

9   http://morenosaez.com/ (Fecha de consulta: 14/02/2019).
10 http://lahoguera.es/es (Fecha de consulta: 14/02/2019).

Figura 4. Fragmento de ficha descriptiva de chorizo sarta de La Hoguera.

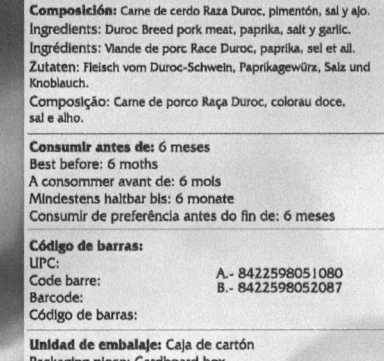

4. El tipo textual instructivo tiene una finalidad didáctica, ya que el objetivo es mostrar cómo se hace algo concreto. Se presenta la información referida a instrucciones de forma objetiva y con un formato muy definido que incluye las indicaciones y, para ello, emplea recursos como el infinitivo, el imperativo o la pasiva refleja al inicio de cada indicación e, incluso, puede apoyarse en imágenes para comprender cada paso. Un ejemplo de este tipo textual podrían ser las recetas de cocina, por ejemplo, la receta de cómo freír el torrezno de Soria.

Figura 5. Fragmento de cómo freír el Torrezno de Soria[11].

---

11 http://www.torreznodesoria.com/torrezno_de_soria/ver/86/Como_freirlo (Fecha de consulta: 14/02/2019).

5. El tipo textual descriptivo detalla las características de situaciones, lugares, personas e, incluso, de procesos, de forma estática, con escasas referencias temporales. Se caracteriza porque en los textos pertenecientes a este tipo textual es frecuente el uso de adjetivos en español, de la premodicación y de la postmodificación en lengua inglesa, y el empleo del lenguaje figurado y de elementos no verbales como dibujos o gráficos. Estos textos se diferencian del tipo expositivo por la función: los textos descriptivos tienen una función poética y los textos expositivos tienen una función informativa.

Figura 6. Fragmento de texto descriptivo de Embutidos Artesanos Covaleda[12].

Situados en la comarca soriana de **Covaleda**, donde se dan unas inmejorables condiciones climáticas para la curación de las distintas carnes, y con unas adecuadas experiencias hacen que nuestros embutidos estén entre los mejor considerados por clientes de toda España.

En un entorno privilegiado, a 1.200 metros de altitud, en la población de Covaleda (Soria). En plena montaña a escasos kilómetros de los **Picos de Urbión**, se encuentra ubicada nuestra fábrica de embutidos.

6. El tipo textual narrativo se singulariza porque su organización textual se apoya en un eje temporal con tres momentos claramente articulados: inicio, desarrollo y final. Se exponen unos hechos que acontecen a unos participantes en un lugar y momento temporal determinado (marco), sucede una complicación y esta se resuelve en el desenlace. Este tipo textual es poco utilizado en los textos del dominio de la agroalimentación.

---

12 http://www.embutidosartesanoscovaleda.com/ (Fecha de consulta: 23/02/2019).

En consecuencia, en este trabajo abordamos el tipo textual como concepto que permite clasificar los textos en función de la intención comunicativa y esta, a su vez, está al servicio del propósito retórico global. Por tanto, consideramos que los conceptos de género y de tipo textual están estrechamente relacionados, puesto que el género es un concepto más amplio que incluye elementos lingüísticos y no lingüísticos, en tanto que el tipo textual hace referencia a las categorías cognitivas y a la intención comunicativa, por lo que es un concepto más concreto. Además, cada género se materializa utilizando uno o varios tipos textuales, siendo habitual que predomine uno sobre los demás debido a la función prioritaria del texto. No obstante, un mismo tipo textual puede aparecer en varios géneros, por ejemplo, el tipo textual narrativo puede aparecer en los géneros artículo de investigación, carta del presidente, etc.

Para finalizar, nos gustaría volver a incidir en el poco consenso existente entre los investigadores a la hora de precisar la terminología en este campo, como hemos podido apreciar, si bien nadie cuestiona la existencia de los tipos textuales.

2.2.3. La clase textual

El concepto de clase textual, que está estrechamente relacionado con el concepto de género y con el de tipo textual, no goza de la debida claridad, una característica que ya hemos señalado previamente con los anteriores conceptos que hemos abordado y definido. De hecho, algunos autores como Mayor Serrano (2002: 78) ofrecen una definición de clase textual que puede crear confusión con el concepto de género:

> Tipos de actos de habla orales o escritos, asociados a una serie de intenciones comunicativas, los cuales, debido a su constante repetición, han dado lugar a unos modelos establecidos, en mayor o menor medida convencionalizados, de comunicación recurrentes, orientando, por ende, tanto la producción como la recepción de textos (Mayor Serrano, 2002: 79).

Para Mayor Serrano, los rasgos distintivos de la clase textual se corresponden con la intención comunicativa, la influencia de situaciones comunicativas y la existencia de modelos de textos convencionalizados. Sin embargo, en esta definición, como indica Faya Ornia (2014: 21), está ausente el valor de campo, por lo que el concepto de clase textual podría considerarse más amplio que el de género textual. En consecuencia, el término clase textual hace referencia a las clasificaciones de los textos que realizan intuitivamente los hablantes y que pueden transcribirse y sistematizarse con las herramientas teórico-metodológicas de la lingüística, con el fin de construir tipologías (Ciapuscio y Kuguel, 2002). Por tanto, una ficha es una clase textual y una ficha descriptiva de producto es un determinado género textual que se incluye dentro del tipo textual expresivo-argumentativo.

2.2.4. Recapitulación

Actualmente en la Lingüística no existe consenso con el uso de las denominaciones de género, tipo y clase textual puesto que, según el enfoque desde el que se aborden estos conceptos, se emplean diferentes denominaciones. No obstante, hemos intentado definir y delimitar nuestro posicionamiento respecto a cada uno de los conceptos a los que hacen referencia las tres denominaciones utilizando el máximo rigor y la mayor precisión posibles.

Por un lado, nos hemos aproximado al concepto de género desde un enfoque ecléctico, que se corresponde con un discurso estructurado y convencionalizado con una finalidad (función) y una comunidad discursiva establecida, que cuenta con una modalidad discursiva convencional, de naturaleza sincrónica, socialmente reconocida y definida tanto desde la relación pragmática como desde la perspectiva de los rasgos discursivos implicados en su configuración.

En lo que se refiere al tipo textual, nos hemos basado en la definición de Hatim y Manson (1990) y en la adaptación de tipologías textuales propuesta Pizarro (2010). De hecho, como señala García Izquierdo (2012: 59), los conceptos de género y tipo textual están relacionados entre sí, puesto que un género puede expresarse a través de diferentes tipos textuales y, a la inversa, un mismo tipo textual puede ser representativo de más de un género.

La última de las definiciones ha girado en torno al concepto de clase textual que, en ocasiones, se utiliza equívocamente para hacer referencia al concepto de género.

Por último, no nos gustaría acabar sin subrayar la importancia que tiene el concepto de género como herramienta multifacética muy útil para la traducción, puesto que como señala García Izquierdo (2012: 44) posibilita:

1. La familiarización del traductor externo al campo con los hábitos y convenciones de la comunidad profesional o discursiva;
2. asegura la contextualización del texto, destacando los propósitos comunicativos y la manera de expresarse;
3. sirve de herramienta didáctica para la enseñanza de la traducción;
4. permite resolver problemas sociales y pragmáticos garantizando así la aceptabilidad de la traducción en la(s) comunidad(es) discursiva(s) de la lengua de llegada;
5. impone estrategias de lectura por parte de los receptores;
6. revela la correlación entre elementos formales y comunicativos, permitiendo la comprensión de textos;
7. desvela las intenciones de los autores;
8. facilita la toma de decisiones del traductor;
9. sirve de "instrumento de transmisión de contenidos a través de medios discursivos";

10. forma parte de la competencia traductora;
11. sirve como espacio de socialización del estudiante o traductor;
12. sirve de herramienta sociopragmática para aclarar la relación entre participantes;
13. facilita la categorización de textos para elaborar bases de conocimiento

Así que, una vez enunciadas las ventajas que tienen los géneros textuales para la traducción y para la redacción de textos multilingües destinados a otras lenguas y, por ende, otras culturas, unido a los principales tipos textuales, que nos permiten clasificar los textos en función de la intención comunicativa y el propósito retórico, procedemos en los siguientes epígrafes a describir el género textual que nos ocupa en este trabajo, las fichas descriptivas de embutidos.

2.3. Las fichas descriptivas de producto

2.3.1. Introducción

Muchos son los géneros que pueden circunscribirse dentro de otros géneros, es decir, existe un género más amplio y superior en el que puede incluirse un determinado género, lo que da lugar a sistemas de géneros interdependientes y relacionados entre sí. Estos sistemas reciben el nombre de "colonias de géneros", definidos según Bhatia (2004: 59) como *"groupings of closely related genres serving broadly similar communicative purposes, but not necessarily all the communicative purposes in cases where they serve more than one"*. Estos géneros pueden utilizarse y dar forma a diferentes géneros profesionales, por ejemplo, los géneros promocionales, donde se ofrecen descripciones y evaluaciones, los géneros informativos (narraciones, argumentaciones y descripciones) o el género de las instrucciones (descripciones, narraciones, etc.).

Por otra parte, en los géneros profesionales es posible establecer varios niveles de generalización. Por ejemplo, en los géneros promocionales el nivel superior se correspondería con el "discurso promocional" y este, a su vez, estaría relacionado con otros géneros con los que comparte la finalidad comunicativa: promover un producto o un servicio a un potencial consumidor. Entre los géneros promocionales más comunes, Bhatia (2004: 60) destaca, por ejemplo, los anuncios, las cartas promocionales, la propaganda publicitaria, etc. No obstante, algunos de estos géneros no solo tienen carácter promocional, sino que también ofrecen información de un determinado producto. Por tanto, el género promocional tiene por finalidad ofrecer información y promover un producto para que sea comprado por un determinado grupo de consumidores. Para conseguir esta finalidad, este género se caracteriza por utilizar formas genéricas dinámicas que exhiben usos innovadores de patrones léxico gramaticales, de formas discursivas y de estrategias retóricas. Sea cual sea el género dentro del género promocional, este se caracterizará por utilizar una serie de movimientos retóricos para incitar a persuadir a los consumidores para que compren el producto:

> *One of the most important moves in advertising discourse is "offering a product description" that is good, positive and favourable. This is often realized though the generic values of "description" and "evaluation", which are most often called upon to serve the cause of millions of products and services across the corporate world* (Bhatia, 2004: 64).

Por tanto, las fichas descriptivas de producto se encuadran dentro de la colonia del género promocional y este género, a nivel global, se caracteriza por incluir movimientos como la descripción del producto.

Ante la globalización de todas las actividades, los traductores y los redactores multilingües necesitan conocer cómo se construyen y se interpretan los principales géneros, así como *"how to make generic competence in relevant languages part of their communicative toolkit"* (Bhatia, 2004: 145). En consecuencia, conocer el comportamiento de un género implica *"being informed about the rhetorical parts it comprises, the communicative purposes these parts contribute to the text and the language conventions associated with each"* (Rabadán, 2016: 213). Aunque los expertos y profesionales de las diferentes esferas del saber están continuamente en contacto con los géneros típicos de su actividad profesional, la situación es muy diferente en el caso de los traductores y de los redactores multilingües, que necesitan documentarse para detectar las convenciones asociadas a cada género. Salvo que se hayan especializado en un determinado campo del saber, lo habitual suele ser que estos profesionales trabajen en cada proyecto con géneros diferentes. Para ser competente en un género es necesario que dichos profesionales sean capaces de reconocer y utilizar una estructura retórica y unas características léxico gramaticales que sean las aceptadas por la comunidad de usuarios de la lengua. De hecho, son varios los enfoques (Swales, 1990/2001; Bhatia, 2004: 23) que han señalado que los diferentes géneros muestran formas recurrentes para la organización del discurso que imponen restricciones retóricas en la selección de las características léxico gramaticales.

Por otro lado, las fichas descriptivas de producto tradicionalmente se han abordado y analizado desde la perspectiva del *marketing* y del comercio electrónico. En nuestro caso vamos a centrarnos en su estudio desde la perspectiva lingüística, como un género textual perteneciente a la colonia de los géneros promocionales. Asimismo, el género de las fichas descriptivas de producto está constituido por textos estandarizados que detallan las características del producto que se pretende vender.

2.3.2. El género de la ficha descriptiva de embutidos

Las fichas descriptivas de embutidos pueden considerarse un género subsidiario del género promocional y, más precisamente, de las hojas técnicas, puesto que comparten la misma función principal, es decir, describir un determinado producto (embutido) y, de forma secundaria, atraer al consumidor y convencerlo para que compre el mencionado producto.

Por lo que respecta a las características de los textos dentro de este género, la longitud es variable, con un promedio de 142 palabras en español y 250 palabras en inglés. En relación al contenido, tienden a incluir la denominación del producto, una fotografía, el nombre del fabricante, la descripción de la empresa, el peso, la descripción del producto, los ingredientes y la información nutricional, posibles alérgenos e información relativa al consumo, entre otros datos. Aunque las fichas descriptivas de los productos agroalimentarios y, más específicamente, de productos cárnicos y de embutidos están estandarizadas por la comunidad discursiva que las utiliza, la cobertura que se ofrece de la información que acabamos de describir varía en función de las distintas empresas y, sobre todo, de las lenguas y de las culturas asociadas a dichas lenguas. Sirvan de ejemplo las Figuras 7 y 8, en las que se ofrecen dos ejemplos de fichas descriptivas de embutidos en nuestras lenguas de trabajo: el español y el inglés.

Figura 7. Fragmento de ficha descriptiva de chorizo en español[13].

CHORIZO EXTRA SARTA NATURAL DULCE

🏷 Categoría: Chorizos

Un gran producto elaborado con las mejores carnes del Cerdo, y con ingredientes totalmente naturales, como son Pimentón ahumado de la Vera, ajo y sal. No contiene ningún tipo de aditivos, ni conservantes ni colorantes, ni artificiales ni naturales.

Apto para su consumo crudo, en lonchas o tacos, o cocinado con cualquier plato en que pueda intervenir chorizo, su exquisito sabor y delicado bouquet le dejará gratamente sorprendido.

▶ **INGREDIENTES Y OTROS DATOS**

- Materias Primas:
  - Paletilla y Magro: 50 %
  - Panceta: 50%
- Condimentos y especias: Sal, pimentón dulce de la Vera y ajo
- Tipo de curación: Mixta. Un primer proceso de 7 días en secadero climatizado y un segundo proceso de 14 días en secaderos naturales con carbón vegetal y aire.
- Otros datos: Tripa natural de cerdo. Envasado en atmósfera modificada pieza por pieza y empaquetado en cajas de cartón a 18 piezas por caja. El peso aproximado por pieza es de 330 grs. Consumir preferentemente antes de 180 días.
- Información Nutricional por 100 gr de producto
  - Nivel calórico: ± 419 Kcal   ± 1740 Kj
  - Proteínas: ± 27.60 g
  - Hidratos de Carbono: ± 0.60 g
  - Grasa: ± 34.10 g
  - Contenido en sal: ± 3.74 g
  - Colesterol: ± 70 mg

---

13 Chorizo extra sarta natural dulce de Moreno Sáez: http://morenosaez.com/ver_producto.php?inventario_id=65&nombre=Chorizo+Extra+Sarta+Natural+Dulce&tipoproducto_id=34#.XHEi1qJKjIU (Fecha de consulta: 23/02/2019).

Figura 8. Fragmento de ficha descriptiva de chorizo en inglés[14].

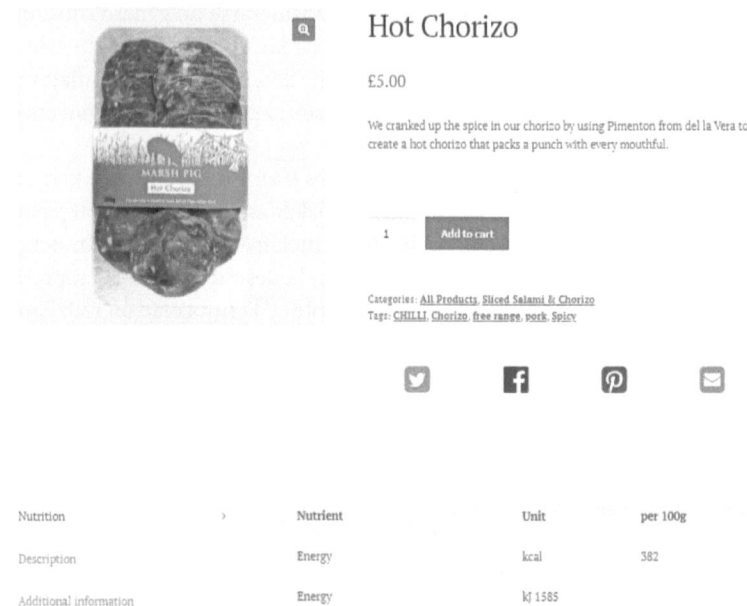

Al contrario de lo que ocurre con otros géneros, como da cuenta Rabadán (2016: 214): los resúmenes científicos (Martín-Martín, 2005; López-Arroyo *et al.*, 2007), los informes médicos (Méndez-Cendón, 2009), los artículos de investigación médica (Williams, 2010), los anuncios en línea (Labrador *et al.*, 2014) o las notas de cata (López-Arroyo y Roberts, 2014), las fichas descriptivas de embutido constituyen un género textual por el que los investigadores no han mostrado gran interés, entre otras razones, porque no existía la necesidad de importación de productos al mercado exterior, hecho que justifica que este género haya recibido poca atención desde una perspectiva contrastiva en las lenguas española e inglesa.

Puesto que no hemos encontrado estudios previos, para obtener una aproximación de las características de este género vamos a seguir el modelo propuesto por Cristobalena Frutos (2016: 115–134), que describe, en primer lugar, las características extralingüísticas, es decir, definir el proceso comunicativo con un contexto común en el que se desarrolla este género textual y, a continuación, en

---

14 *Hot chorizo* de Marshpig: https://www.marshpig.co.uk/shop/hot-chorizo/ (Fecha de consulta: 23/02/2019).

sucesivos capítulos, procederemos a realizar un análisis lingüístico contrastivo de la estructura retórica y de los parámetros léxico gramaticales a través del estudio de la terminología típica de este género textual, así como de su fraseología.

Por lo que respecta a las características extralingüísticas, en primer lugar, es necesario determinar la situación comunicativa. Ante la multitud de modelos de análisis de la situación comunicativa existentes, vamos a basarnos en Hymes (1974: 10), quien señala que para definir los *eventos comunicativos* hay que tener en cuenta lo siguientes elementos:

a) Los participantes:
- el emisor será el autor del texto, aunque haya varios participantes, podemos considerar a todos los implicados como una únicamente una persona, en este caso, el fabricante.
- el receptor del mensaje, que es el consumidor que va a comprar el producto.

b) El canal, que se corresponde con un texto escrito y publicado en soporte electrónico.

c) El código, que es lingüístico, en nuestro caso, las lenguas española e inglesa.

d) El lugar y el tiempo (*settings*), es decir, el momento en el que se produce la comunicación y las circunstancias que rodean a dicha comunicación. En el género de las fichas descriptivas de embutidos, estas coordenadas se prolongan en el tiempo, desde que el fabricante redacta y publica la ficha hasta que el consumidor visita la página web y lee la ficha.

e) La forma del mensaje y el género, es decir, una ficha descriptiva de embutidos con una serie de convenciones lingüísticas, retóricas y léxico gramaticales.

f) La actitud que transmite el mensaje y contenido, que en las fichas descriptivas de embutidos se singulariza por su carácter persuasivo, así como por incluir patrones típicos de los textos descriptivos e informativos, puesto que ofrecen información sobre el producto y, además, inducen al lector, que es el consumidor, a que compre el producto en cuestión.

g) Los acontecimientos en sí mismos, el consumidor conoce el producto, sus características y, si se siente atraído, compra el producto.

Posteriormente, Halliday y Hasan (1976: 22; 1989: 12) proponen una serie de elementos en los que se enfatiza el contexto social. Dichos elementos pueden sistematizarse a través de tres conceptos: el campo, el tenor y el modo.

Aplicando esta terminología al género de las fichas descriptivas de embutidos, el campo es lo que está ocurriendo, es decir, el tema y la función que desempeña el texto, en el caso que nos ocupa es la descripción de un embutido para invitar al consumidor a comprarlo. La finalidad de la ficha descriptiva de producto se corresponde con ilustrar al consumidor sobre las características de un determinado producto, en este caso, los embutidos.

Por lo que respecta al tenor, los participantes del proceso comunicativo son el emisor (el fabricante) y los receptores (los múltiples usuarios independientes). El emisor desea persuadir y vender su producto a los receptores, que son los consumidores y, en consecuencia, utiliza una serie de convenciones lingüísticas que sabe que van a atraer la atención del mencionado consumidor.

Por último, el modo puede concretarse a través de un texto escrito publicado en soporte digital, con la intención de que sea leído, en principio, de forma individual y para uno mismo. Además, el tiempo que pasa desde la producción del texto hasta su lectura puede ser más o menos prolongado.

Una vez conocidas las coordenadas situacionales en las que se produce este género textual, en los siguientes capítulos procedemos a detallar las ventajas de los corpus como herramientas de traducción para, a continuación, definir la metodología basada en corpus que vamos a aplicar para analizar, desde una perspectiva interlingüística en las lenguas española e inglesa, la estructura retórica, la terminología y la fraseología típica que caracterizan este género textual, es decir, las fichas descriptivas de embutidos.

3. El uso de corpus como herramientas de traducción

3.1. Introducción

En los Estudios de Traducción no tiene larga trayectoria el uso de corpus, definido como conjunto de textos en formato electrónico seleccionados a partir de una serie de parámetros que representan, en la medida de lo posible, una lengua como fuente de datos para su análisis (Sinclair, 2005: 1). De hecho, la investigación basada en corpus se remonta a los años 90, tras la publicación del trabajo seminal de Baker (1993) titulado *Corpus Linguistics and Translation Studies: Implications and Appplications,* y está estrechamente ligada a los avances de la informática, que han posibilitado la gestión y el análisis de grandes cantidades de datos en muy poco tiempo, así como al desarrollo de herramientas que facilitan dicho análisis. No obstante, es un hecho indiscutible que el empleo de una metodología basada en el análisis de un corpus nos permite fundamentar nuestra investigación en datos reales de la lengua en uso.

Asimismo, el empleo de corpus como herramienta de traducción está ampliamente constatado por múltiples autores (Bowker, 2002; Laviosa, 2002; Corpas Pastor, 2008; Beeby *et al.*, 2009; Kruger *et al.*, 2011; Zanettin, 2012; Sánchez Nieto, 2015; Corpas Pastor y Seghiri, 2017; entre otros):

> *Some of the principal advantages of using them [corpora] are their objectivity, their reusability and multiple usage as a single resource. In addition, they are user-friendly and allow access and management to huge quantities of information in almost no time* (Corpas Pastor y Seghiri, 2009: 77).

Además, la disponibilidad de textos escritos en una gran variedad de lenguas, que era impensable hace unas décadas, ha aumentado exponencialmente, especialmente propiciada por el desarrollo de la sociedad del conocimiento y por la globalización de la economía. En consecuencia, hemos sido testigos de un aumento del interés por emplear corpus bilingües y multilingües por parte de investigadores que trabajan en los campos de la traducción automática, de la traducción asistida por ordenador, de la enseñanza de lenguas, de la terminología, de los lenguajes de especialidad, del procesamiento del lenguaje natural y de la recuperación de la información, así como en la formación de traductores y en la documentación aplicada a la traducción.

A raíz de esta nueva realidad, han surgido infinidad de taxonomías para clasificar los corpus atendiendo a sus características (Laviosa, 1997; Torruella y Llisterri,

1999; Corpas Pastor, 2001; Granger, 2003; Zanettin, 2012; Faya Ornia, 2014, entre otros). Dada la multitud de clasificaciones propuestas, no vamos a entrar en detallar las diversas revisiones y modificaciones que se han ido sucediendo en los últimos años, puesto que no es el objeto de estudio del presente trabajo, así que vamos a emplear la clasificación propuesta por Corpas Pastor (2001), que utiliza los siguientes criterios:

- El porcentaje y la distribución de los diferentes tipos de texto contenidos en el corpus son dos elementos que hacen posible distinguir entre un corpus grande o extenso, un corpus equilibrado, un corpus piramidal, un corpus monitor, un corpus paralelo y un corpus comparable.
- La especificidad de los contenidos en el corpus permite la clasificación en los siguientes tipos: corpus general, corpus especializado, corpus genérico, corpus canónico, corpus periódico o cronológico y corpus diacrónico.
- La cantidad del texto que se recoge en cada uno de los documentos da como resultado corpus textual, corpus de referencia y corpus léxico.
- La codificación y anotación de los corpus posibilita diferenciar entre corpus anotado y corpus no anotado.
- La documentación que acompaña a los textos proporciona la división de los corpus según sean documentados o no documentados.

Dentro del primer criterio, nos gustaría centrarnos en diferenciar y definir qué es un corpus paralelo y un corpus comparable. En este sentido, Rabadán y Fernández Nistal (2002: 51-52) definen los corpus paralelos como:

> Los corpus que están formados por un conjunto de textos fuente (en una lengua de partida) y sus traducciones (a otra/s, la/las de llegada), razón por la que, en ocasiones, se les conoce también con la denominación de *corpus de traducciones*. Esta sería su forma más sencilla y conviene tener presente que, en muchos casos, es posible que la direccionalidad de las traducciones no sea constante e incluso puede ser desconocida.
> Un segundo nivel lo encontraríamos cuando los textos que integran los corpus paralelos han sido sometidos a un proceso de *alineamiento*, lo que resulta extremadamente útil para su utilización tanto en la actividad traductora como en los Estudios de Traducción (Rabadán y Fernández Nistal, 2002: 51-52).

Dentro de esta taxonomía de corpus, Olohan (2004: 24) añade que los corpus paralelos pueden ser, a su vez, monodireccionales o bidireccionales. Los corpus monodireccionales están formados por textos originales en la lengua A con sus traducciones correspondientes en la lengua B. En cambio, los corpus bidireccionales están compuestos por textos originales en la lengua A con sus respectivas traducciones en la lengua B, al igual que los monodireccionales, pero también incluyen textos originales en lengua B con sus respectivas traducciones en lengua A.

Además, Rabadán y Fernández Nistal (2002: 51-52) señalan que la principal ventaja de los corpus paralelos se corresponde con el hecho de que cualquier noción expresada en el texto original debería encontrarse en el texto meta, dado que los textos y sus traducciones están íntimamente relacionados, si bien el gran inconveniente es que este tipo de textos no abunda porque su producción puede resultar muy cara y, además, no son fáciles de conseguir, puesto que los autores no siempre los ponen a disposición del público en general. Así pues, su disponibilidad es, en ocasiones, bastante reducida y se limita a la documentación institucional de la U.E. o de países con dos o más lenguas oficiales.

Por lo que respecta a los corpus comparables, EAGLES (1996) los define como: "*a comparable corpus is one which selects similar texts in more than one language or variety*". Entre las características de este tipo de corpus, Rabadán y Fernández Nistal (2002: 53) subrayan que los textos incluidos deben funcionar de forma similar en el plano de la situación comunicativa, es decir, deberían versar sobre contenidos similares, deberían estar escritos en fechas cercanas y desempeñar un papel semejante en el plano discursivo.

No obstante, el uso de corpus comparables no está exento de problemas. En primer lugar, desde el punto de vista semántico, los textos que forman parte de un corpus comparable no están íntimamente relacionados, como sucede en el caso de los corpus paralelos, por lo que no tienen por qué expresar las mismas nociones. En consecuencia, el lexicógrafo o el traductor no siempre encontrará allí los equivalentes que busque. En segundo lugar, plantean problemas muy importantes a la hora de explotarlos automáticamente, puesto que los textos no pueden alinearse.

A pesar de los problemas enunciados, el uso de corpus comparables presenta muchas ventajas para los investigadores. Rabadán y Fernández Nistal (2002: 53) destacan que este tipo de corpus posibilita reunir textos que tratan de temas semejantes y que funcionan de forma similar en el plano de la comunicación, pero en los que la lengua de llegada no está influenciada por la lengua de partida, lo que es muy frecuente en el caso de las traducciones, por lo que son muy útiles para el estudio de la terminología y de la fraseología especializada y, además, constituyen una fuente muy valiosa de documentación contrastiva.

En esta línea, Sánchez Trigo (2005: 138) también indica la utilidad del empleo de corpus comparables en traducción:

> constituyen una herramienta interesante para solucionar problemas de diferente naturaleza (temáticos, terminológicos, textuales, estilísticos, etc.) […] ya que permiten compilar una documentación fiable y específica de manera económica (en tiempo y coste) y muy eficaz (Sánchez Trigo, 2005: 138).

Corpas Pastor (2012: 11) se suma a la hora de destacar los beneficios de utilizar corpus comparables en traducción, puesto que proporcionan a los usuarios un inventario amplio de formas convencionales de expresar unidades de sentido y funciones específicas en un determinado registro y forma textual en la lengua de origen y en la lengua meta, que se pueden considerar equivalentes (en diverso grado). Por otra parte, los corpus comparables se muestran claramente superiores a otros recursos tradicionales, como los diccionarios, puesto que están actualizados, contienen neologismos, ofrecen información contextualizada sobre los términos, etc. Esta autora añade que los corpus comparables van más allá de asistir al traductor en la resolución de problemas terminológicos, dado que su empleo permite, también, satisfacer las necesidades documentales específicas derivadas del proyecto concreto (conceptuales, terminológicas, estilísticas, discursivas, etc.). Igualmente, el uso de corpus comparables proporciona modelos en la producción del texto meta, ayuda a resolver problemas, a tomar decisiones y a validar las soluciones adoptadas en el proceso de la traducción. Evidentemente, este mismo tipo de información puede ser utilizada también para la evaluación objetiva de encargos de traducción.

Por tanto, a pesar de los problemas señalados, nos gustaría destacar la importancia de los corpus y sus beneficios para los Estudios de Traducción y para el contraste de lenguas, tanto si los investigadores emplean metodologías basadas en corpus (*corpus-based*) (Laviosa, 2004; 2010) o guiadas por corpus (*corpus-driven*) (Tognini-Bonelli, 2001: 17; Marco y Van Lawick, 2009: 11; Zanettin, 2012).

Asimismo, utilizar en nuestro trabajo un enfoque basado en corpus tiene cuatro ventajas (Baker, 2006; en Biber *et al.*, 2007: 37), puesto que nos ayuda a reducir el sesgo del investigador, nos permite observar tanto los patrones típicos como los atípicos y, además, permite detectarlos de forma representativa sobre una muestra, en lugar de hacerlo aleatoriamente. Por último, puede combinarse con otras metodologías y, así, ofrece la posibilidad de triangular los datos obtenidos.

3.2. El diseño y la compilación de los corpus

3.2.1. Parámetros de diseño

En las últimas décadas se han realizado fuertes inversiones monetarias[15] y se han empleado muchos recursos humanos y de investigación para compilar corpus de diferente naturaleza y envergadura, de utilidad para los traductores y para los investigadores (Borja Albi, 2007a: 250 y ss).

---

15 En España se ha creado la Red de Excelencia CorpusNet (FFI2016-81934-REDT/AEI), que ofrece una plataforma de recursos multilingües en los que una de las lenguas es el

A pesar del ingente trabajo que hay detrás de los corpus disponibles en línea, la realidad es que dichos corpus, en su mayoría, no son altamente especializados y, en el caso de que encontrásemos corpus especializados, es probable que no cubriesen todas las necesidades del género textual que deseamos documentar, por lo que no queda otra alternativa que compilar nuestro propio corpus (Seghiri, 2006: 230). De todas formas, conviene señalar que cualquier colección de textos no constituye un corpus. Para que se considere un corpus tiene que seguirse un protocolo de compilación con unos criterios de diseño establecidos y dicho conjunto de textos tienen que ser representativo, en nuestro caso, de un determinado género textual.

Por tanto, ante la inexistencia de un corpus previamente compilado que se corresponda con el género textual que pretendemos abordar en este estudio, nos vemos obligados a compilar un corpus virtual[16], que Corpas Pastor (2008: 91) define como "*a corpus in which there are not many texts but that the few texts included are suited to the field of knowledge, genre and textual variety*." En este contexto, el principal recurso del que extraer los textos es Internet, pero su uso implica una serie de dificultades, como apunta Austermühl (2001: 52): "*[f]inding data on the worldwide is not problem at all. But finding reliable information is rather a difficult task. And finding the information you really need can be very time-consuming and often frustrating*".

Por consiguiente, a la hora de compilar un corpus tenemos que seguir un protocolo que establezca los criterios que tienen que cumplir los textos que seleccionamos con el objetivo de asegurar la calidad, tanto desde el punto de vista cualitativo como cuantitativo, de manera que el corpus compilado pueda caracterizarse por su equilibrio y su representatividad (Bowker, 2002; McEnery y Hardie, 2012: 15; Seghiri, 2017).

---

    español. Contiene corpus paralelos y comparables, herramientas para construir corpus, etiquetadores, aplicaciones, bases de datos e información sobre los grupos de investigación que han desarrollado dichos recursos (Rabadán *et al.*, 2018). Se puede acceder a dicha plataforma desde el siguiente enlace: http://corpusnet.unileon.es/ (Fecha de consulta: 03/04/2019).

16 Este tipo de corpus también ha recibido otras denominaciones, por ejemplo, "corpus *ad hoc*" (Corpas Pastor, 2001: 164), "*disposable corpus*", "*do-it-yourself (DIY) corpus*" (Zanettin, 2002), "*domain-specific corpus*" (Corpas Pastor, 2004: 226), "*web corpus*" (Fletcher, 2004), "*electronic corpus*" (Corpas Pastor, 2001; Varantola, 2003) "*ephemeral corpus*" (Corpas Pastor, 2004: 226), "*precision corpus*" (Varantola, 1997); y "*special purpose corpus*" (Pearson, 1998; Sánchez Gijón, 2003a, 2003b).

De acuerdo con McEnery y Hardie (2012: 239), un corpus puede considerarse equilibrado *"if the relative sizes of each of hits subsections have been chosen with the aim of adequately representing the range of language that exists in the population of texts being sampled"*. Esta definición es muy similar a la ofrecida unos años antes por Sinclair (2005), quien señaló *"for a corpus to be pronounced balanced, the proportions of different kinds of text it contains should correspond with informed and intuitive judgements."*

Por lo que respecta a la segunda característica enunciada, la representatividad, McEnery y Hardie (2012: 250) ofrecen la siguiente definición:

> A representative corpus is one sampled in such a way that it contains all types of text, in the correct proportions, that are needed to make the contents of the corpus an accurate reflection of the whole of the language of variety that it samples (McEnery y Hardie, 2012: 250).

En consecuencia, teniendo en cuenta las características de equilibrio y representatividad tenemos que, en primer lugar, establecer los parámetros de diseño que tienen que cumplir los corpus en los que deseamos realizar el contraste en las lenguas española e inglesa, tanto en lo que respecta a la estructura retórica como en lo relativo a la terminología y a la fraseología del género textual de las fichas descriptivas de embutidos.

Los parámetros de diseño de un corpus están determinados, a su vez, por las necesidades y los objetivos de la investigación o del proyecto de traducción. Bowker y Pearson (2002: 45–52) resaltan que deben tenerse en cuenta los siguientes aspectos: el tamaño, si se recogen textos completos o fragmentos, el número de textos, el medio del que proceden, el tema, el tipo textual, la autoría, las lenguas y la fecha de publicación. Posteriormente, dichos aspectos han sido avalados y utilizados por multitud de autores (Seghiri, 2006, 2017; McEnery y Hardie, 2012; Zanettin, 2012; entre otros).

Basándonos en los criterios previamente enunciados, hemos compilado un corpus comparable (C-GEFEM) y un corpus paralelo (P-GEFEM). Por lo que respecta al tamaño, ambos corpus estarán constituidos por 100 textos completos en español y otros 100 textos completos en lengua inglesa, que en el caso de C-GEFEM serán textos originalmente redactados en nuestras dos lenguas de trabajo y, por lo que respecta a P-GEFEM, serán las traducciones de los textos en español. Por tanto, P-GEFEM se caracterizará por la monodireccionalidad, del español al inglés. Todos los textos se corresponderán con el género textual objeto de estudio de este trabajo, fichas descriptivas de producto y, más específicamente, fichas descriptivas de embutidos. Puesto que el sector de los embutidos es muy amplio, nos centraremos en seleccionar fichas descriptivas de los siguientes productos: chorizo, salchichón y lomo. Dichas fichas estarán disponibles en la web y se habrán publicado en el periodo de 2016 a 2018. El hecho de recoger textos publicados en Internet nos asegura la autenticidad y, a la vez, nos permite seleccionar textos pertenecientes a una amplia variedad de autores para cumplir con el criterio de la representatividad. Respecto a la procedencia lingüística, el subcorpus de C-GEFEM incluye fichas descriptivas de embutidos publicada por empresas cárnicas españolas, así que se centra en la variedad lingüística del español de España, en tanto que el subcorpus en inglés de C-GEFEM estará compuesto por textos del Reino Unido, EE. UU., Canadá, Irlanda y Australia para asegurar que las variedades más representativas de la lengua inglesa están incluidas. Los textos que compondrán P-GEFEM también pertenecerán a empresas cárnicas españolas que tienen dichas fichas traducidas a la lengua inglesa.

3.2.2. Protocolo de compilación

Una vez establecidos los parámetros, procedemos a presentar las fases seguidas para compilar P-GEFEM y C-GEFEM basándonos en la metodología de Seghiri (2015, 2017) y Ortego Antón y Fernández Nistal (en prensa), que consta de cuatro etapas: búsqueda, descarga, formato y almacenamiento.

3.2.2.1. Búsqueda

En la primera fase hemos localizado los textos que constituirán nuestro corpus. Hemos tenido que realizar distintos tipos de búsquedas en la red para encontrar fichas descriptivas de embutidos.

Por un lado, para compilar C-GEFEM hemos buscado páginas web de empresas agroalimentarias de reconocido prestigio expertas en la comercialización de embutidos como pueden ser Sainsbury's[17], Morrisons[18], Ocado[19], Quijote Foods[20], Enrique Tomás[21], Carrefour[22], etc.

Por lo que respecta a la compilación de P-GEFEM, simultáneamente hemos buscado empresas de embutidos españolas con la página web traducida a la lengua inglesa asegurándonos de que las fichas descriptivas de embutidos también

---

17 https://www.sainsburys.co.uk/ (Fecha de consulta: 02/11/2018).
18 https://groceries.morrisons.com/navigation/browse (Fecha de consulta: 02/11/2018).
19 https://www.ocado.com/webshop/startWebshop.do (Fecha de consulta: 02/11/2018).
20 https://quijotefoods.com/index.html (Fecha de consulta: 02/11/2018).
21 https://www.enriquetomas.com/es/ (Fecha de consulta: 02/11/2018).
22 https://www.carrefour.es/ (Fecha de consulta: 02/11/2018).

incluían su traducción a esta lengua, por ejemplo, Bernardo Hernández[23], Incarlopsa[24], Montesierra[25], Joselito[26] o Palacios[27], entre otras. Para realizar la búsqueda, nos fue de gran utilidad el *ranking* de empresas del sector comercio al por mayor de carne y productos cárnicos publicado por *ElEconomista.es*[28].

3.2.2.2. Descarga

Una vez localizados los textos, en una segunda fase hemos descargado las fichas descriptivas de embutidos desde el sitio web que las alberga para guardarlas, posteriormente, en el ordenador. La descarga de textos se ha hecho de forma manual guardándolos en formato HTML. Además, hemos procedido a guardar los textos en formato TXT seleccionando el contenido de la página web, copiándolo y pegándolo en un documento de texto. En otras ocasiones, las fichas descriptivas de embutidos aparecen en formato PDF, así que las hemos descargado y convertido a TXT (UTF8).

Nos hemos asegurado en todo momento de que durante la descarga no se omitía información, especialmente en el caso de los textos de P-GEFEM, para que a la hora de alinearlos no se perdiese información que pudiese resultar relevante.

3.2.2.3. Formato

Para que los textos puedan ser procesados por los programas de gestión de corpus ha sido necesario convertirlos a TXT (UTF8). En este sentido, Sinclair (1991: 21) afirma que *"the safest policy is to keep the text as it is, unprocessed and clean of any other codes"*. En consecuencia, nos hemos asegurado de que todos los archivos estuviesen en TXT (UTF8). En el caso de los textos en PDF, hemos utilizado el programa Adobe Acrobat Professional para transformar el formato de PDF a TXT (UTF8).

Además, en el caso de P-GEFEM necesitamos que los textos también estén disponibles en TXT (ANSI). Por tanto, hemos convertido los textos de TXT (UTF8)

---

23 https://beher.com/ (Fecha de consulta: 06/03/2019).
24 https://www.incarlopsa.es/ (Fecha de consulta: 06/03/2019).
25 https://www.montesierra.es/ (Fecha de consulta: 06/03/2019).
26 https://www.joselito.com/ (Fecha de consulta: 06/03/2019).
27 http://www.palacios.es/home (Fecha de consulta: 06/03/2019).
28 http://ranking-empresas.eleconomista.es/sector-4632.html (Fecha de consulta: 01/11/2018).

a TXT (ANSI) utilizando la aplicación de software libre FileEncoding Converter y activándola desde el Símbolo del Sistema incluido en Windows.

3.2.2.4. Almacenamiento

En esta última fase hemos codificado todos los archivos que componen nuestros corpus en carpetas y subcarpetas. Hemos creado dos carpetas, una para cada uno de los corpus: "C-GEFEM" y "P-GEFEM". Cada corpus se divide, a su vez, en dos carpetas: "BIBLIOTECA DIGITAL" y "CORPUS".

En el caso de C-GEFEM, cada una de las dos carpetas anteriores se divide en dos subcarpetas, "ES" para las páginas en español y "EN" para las páginas web en inglés. En la carpeta denominada "BIBLIOTECA DIGITAL" hemos descargado las páginas web en formato HTML clasificadas por lenguas, en "ES" incluimos las páginas en español y en "EN" las que están en inglés. Dentro de la carpeta "CORPUS", hemos realizado el mismo proceso con los archivos en TXT, los textos en español los hemos colocado en "ES" y los textos en inglés en "EN".

Figura 9. Estructura de C-GEFEM.

Por lo que respecta al corpus P-GEFEM, la carpeta denominada "BIBLIOTECA DIGITAL" se subdivide en dos carpetas, "ES" para las páginas en español y "TEN" para las traducciones al inglés. Asimismo, hemos creado dos carpetas, "CORPUS UTF8" y "CORPUS ANSI". Dichas carpetas se subdividen en dos subcarpetas, "ES" para los textos en español y "TEN" para las traducciones al inglés. Siguiendo el mismo procedimiento que el empleado en C-GEFEM, en la "BIBLIOTECA DIGITAL" hemos incluido las páginas web en formato HTML y en las carpetas "CORPUS UTF8" y "CORPUS ANSI" hemos recogido los textos en formato TXT, según correspondan al formato UTF8 o ANSI.

Figura 10. Estructura de P-GEFEM.

- P-GEFEM
  - BIBLIOTECA DIGITAL
    - ES
    - TEN
  - CORPUS ANSI
    - ES
    - TEN
  - CORPUS UTF8
    - ES
    - TEN

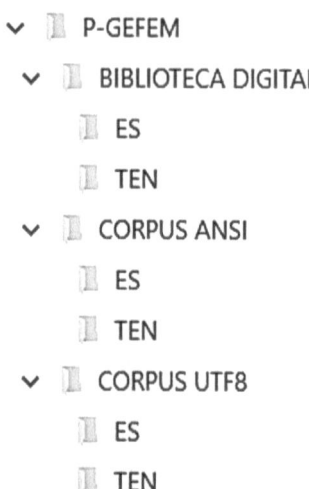

Una vez creada la estructura de almacenamiento, hemos procedido a denominar los archivos con un número (001, 002, etc.), "DM" como abreviatura de *dried meats*, que es la temática del corpus, "ws" para indicar que los textos han sido extraídos de la web, la abreviatura de la empresa de la que proceden, por ejemplo, "MR" para Morrisons, "MS" para Moreno Sáez, "ET" para Enrique Tomás, etc., la fecha en la que fueron descargados (aammdd), el campo del saber (Foodie) y la lengua (EN, ES o TEN), de manera que los textos siguen la siguiente codificación: 001DMwsMR160624FoodieEN.txt, 001DMwsBH160625FoodieES.txt. De hecho, esta codificación permitirá, en el futuro, la posible ampliación del corpus.

Por tanto, los textos que forman parte de C-GEFEM tienen una codificación del 1 al 100, como se puede apreciar en la Figura 11:

Figura 11. Ejemplo de denominación de archivos en C-GEFEM.

001DMwsMR160624FoodieEN	31/10/2016 15:14	Documento de tex	3 KB
002DMwsTS160624FoodieEN	31/10/2016 15:43	Documento de tex	3 KB
003DMwsMS160624FoodieEN	03/11/2016 18:20	Documento de tex	2 KB
004DMwsSBS160624FoodieEN	03/11/2016 18:28	Documento de tex	3 KB
005DMwsSBS160624FoodieEN	03/11/2016 18:31	Documento de tex	3 KB

En el caso de P-GEFEM, los textos comienzan a partir del 100 y para reconocer que son textos paralelos, tienen la misma denominación en español que en inglés, salvo la lengua, que será "TEN", como se puede apreciar en las Figuras 12 y 13:

Figura 12. Ejemplo de denominación de los textos en español en P-GEFEM.

101DMwsICPD171114FoodieES	03/12/2017 23:56	Documento de tex...	1 KB
102DMwsICPD171114FoodieES	19/12/2017 9:32	Documento de tex...	1 KB
103DMwsICPD171114FoodieES	03/12/2017 23:56	Documento de tex...	1 KB
104DMwsIZPD171120FoodieES	03/12/2017 23:56	Documento de tex...	1 KB
105DMwsIZAT171120FoodieES	03/12/2017 23:56	Documento de tex...	2 KB

Figura 13. Ejemplo de denominación de las traducciones al inglés en P-GEFEM.

101DMwsICPD171114FoodieTEN	19/12/2017 9:14	Documento de tex...	1 KB
102DMwsICPD171114FoodieTEN	03/12/2017 23:55	Documento de tex...	1 KB
103DMwsICPD171114FoodieTEN	03/12/2017 23:55	Documento de tex...	1 KB
104DMwsIZPD171120FoodieTEN	18/12/2017 17:24	Documento de tex...	2 KB
105DMwsIZAT171120FoodieTEN	03/12/2017 23:55	Documento de tex...	1 KB

Una vez descrito el proceso seguido para la compilación de nuestros corpus C-GEFEM y P-GEFEM, mostramos cómo hemos determinado la representatividad cuantitativa.

3.2.3. La determinación de la representatividad cuantitativa

Para determinar la representatividad cuantitativa de los corpus compilados hemos utilizado el programa ReCor, diseñado por Seghiri (2006, 2015) y Corpas Pastor y Seghiri (2009, 2010), que se encuentra patentado a través de la Oficina Española de Patentes y Marcas y disponible con fines académicos en la OTRI de la Universidad de Málaga[29].

Puesto que no existe consenso sobre cuál es el número mínimo de documentos o palabras que debe contener un determinado corpus para ser considerado válido y representativo de la población que se desea representar, ReCor supone una solución eficaz, puesto que determina el tamaño mínimo de un corpus o colección textual, independientemente de la lengua o tipo textual de dicha colección, estableciendo el umbral mínimo de representatividad a través de un

---

29 http://umapatent.uma.es/es/patent/metodo-para-la-determinacion-de-la-representa4b0/ (Fecha de consulta: 03/11/2018).

algoritmo (N-Cor) de análisis de la densidad léxica en función del aumento incremental del corpus.

A través del algoritmo N-Cor, ReCor calcula si la terminología básica empleada en un género concreto, en este caso, las fichas de descriptivas de embutidos, se ha cubierto en el corpus compilado. Dicho programa analiza cada subcorpus y genera dos gráficos de representatividad.

En el primer gráfico (Estudio gráfico A) se presenta en el eje horizontal el número de archivos del corpus, mientras que en el eje vertical se muestra el cociente (tipos / casos) (*ty / to*). Se recogen dos funciones, una para los archivos ordenados alfabéticamente (línea roja) y otra (línea azul) para los archivos elegidos aleatoriamente, de forma que nos aseguramos, mediante doble comprobación, de que el orden de los textos no repercute en la representatividad del corpus. Ambas funciones representan un descenso exponencial al seleccionar más textos. Sin embargo, cuando ambas funciones se estabilizan (la línea roja y la línea azul se solapan), podemos afirmar que el corpus es representativo y, precisamente, en ese punto, se podrá observar el número de textos con el que el corpus es representativo cuantitativamente.

Simultáneamente se genera otra gráfica (Estudio gráfico B) en la que se ofrece en el eje horizontal el número de casos (*tokens*) a partir del que se puede extraer, además, el número de palabras mínimo que debe incluir el corpus para ser representativo en lo relativo a la terminología básica de un determinado género textual.

Una vez definidos los parámetros y compilados los corpus, mostramos las características de C-GEFEM y de P-GEFEM y procedemos a comprobar si nos hemos asegurado de que ambos corpus cumplen con los criterios de equilibrio y representatividad.

3.2.4. Las características de C-GEFEM y de P-GEFEM

3.2.4.1. C-GEFEM

C-GEFEM es un corpus virtual comparable bilingüe en inglés y en español compuesto por 100 textos que se corresponden con fichas descriptivas de embutidos en español y 100 textos que se corresponden con fichas descriptivas de embutidos en inglés. Los textos que componen este corpus son auténticos y han sido redactados originalmente en inglés o en español.

El tamaño de cada una de las secciones que componen el subcorpus se ofrece en la Tabla 2, en la que se describe el número de *tokens* o casos, es decir, el número de palabras, y el número de tipos, definidos como "*a single particular wordform*" (McEnery y Hardie, 2012: 252).

Tabla 2. Tamaño de C-GEFEM.

	casos	tipos
ES	13358	1139
EN	22604	2094

Aunque se puede llegar a pensar que el corpus no es equilibrado en lo relativo al tamaño, la variación en el número de casos se debe al hecho de que la estructura retórica de las fichas descriptivas de embutidos en inglés es mucho más compleja que en español (Ortego Antón, en prensa). De hecho, un corpus especializado lo suficientemente representativo que se centra en un determinado género textual resulta mucho más útil que si se tratase de un corpus más amplio y, por ende, más general, porque muestra una gran concentración de parámetros retóricos y léxico gramaticales.

Para cumplir con el criterio del equilibrio, hemos combinando dos factores, la fecha y la procedencia. Los textos datan de 2016 y proceden de diversas fuentes. En el caso del subcorpus en español, los textos han sido publicados por más de 30 empresas de embutidos españolas, por lo que la variedad diatópica de español cubierta se corresponde con el español de España. El hecho de que las muestras procedan solamente de España se fundamenta en que este trabajo se incluye en un proyecto de mayor envergadura dentro del grupo interuniversitario de investigación ACTRES que pretende desarrollar aplicaciones lingüísticas basadas en el PLN.

Por lo que respecta al subcorpus en inglés, los textos están publicados por al menos 40 empresas del sector agroalimentario y la distribución por países se corresponde con el 65 % de Reino Unido y el resto se han producido en EE.UU. (15 %), Canadá (10 %), Irlanda (6 %) y Australia (4 %), por lo que quedan representadas las principales variedades de la lengua inglesa.

Gráfico 1. Distribución por países de las fichas descriptivas de embutidos recogidas en el subcorpus en inglés de C-GEFEM.

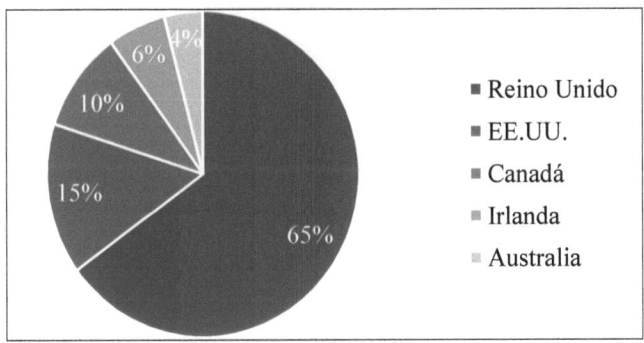

Por tanto, a la vista de los datos anteriores podemos afirmar que C-GEFEM es un corpus equilibrado y cualitativamente representativo a tenor de los parámetros de diseño y el protocolo de compilación seguidos. Para concluir el proceso, nos resta por comprobar la representatividad cuantitativa.

Abrimos ReCor y hacemos clic el botón "Selección de los ficheros del CORPUS".

Figura 14. Interfaz de ReCor.

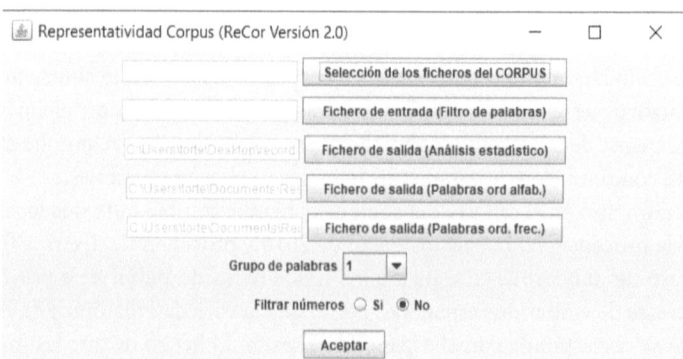

Automáticamente se despliega una nueva ventana para que seleccionemos el corpus en el que deseamos comprobar la representatividad.

Figura 15. Ventana de búsqueda de corpus con ReCor.

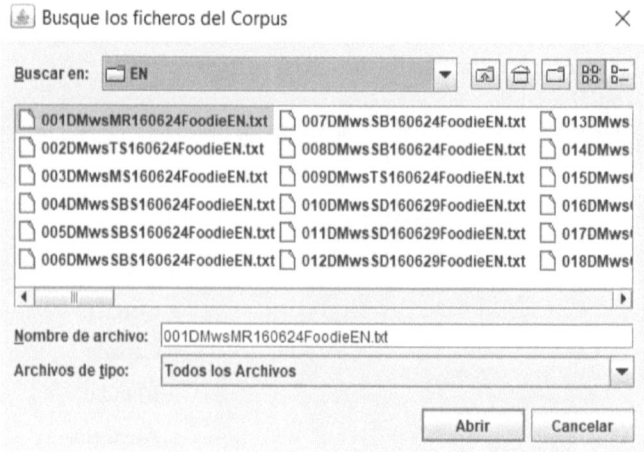

A continuación, seleccionando todos los archivos de nuestro corpus, hacemos clic en "Abrir > Aceptar" y automáticamente el programa nos ofrece los gráficos resultantes del análisis de la representatividad cuantitativa del subcorpus C-GEFEM. En primer lugar, mostramos los resultados del subcorpus en español en la Figura 16.

Figura 16. Representatividad cuantitativa del subcorpus en español de C-GEFEM calculada con ReCor.

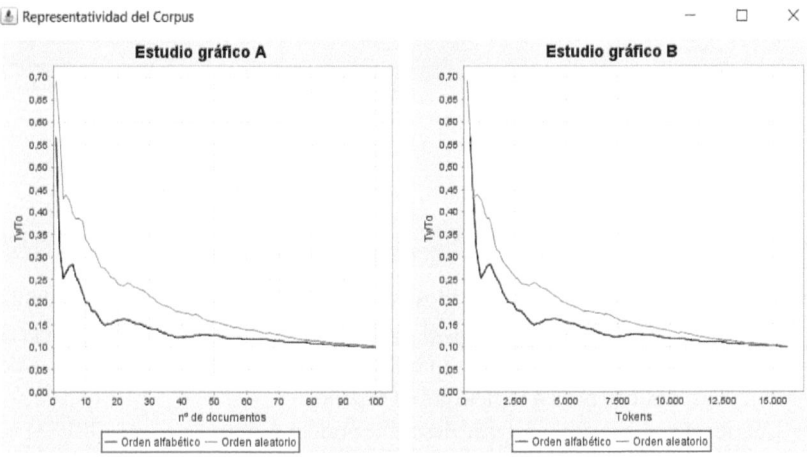

De la observación de los gráficos de la Figura 16 se desprende que el subcorpus en español de C-GEFEM es representativo a partir de 80 documentos (Estudio del gráfico A) y de aproximadamente 12500 casos (Estudio gráfico B), puesto que en ambos gráficos las funciones se aproximan, se estabilizan y la curva apenas varía antes y después de las mencionadas cifras. Asimismo, los datos que se desprenden del análisis estadístico realizado con ReCor (un archivo resultante en formato de texto) muestran que, a partir del texto 80, el número de nuevos tipos al incorporar más textos es siempre inferior a cuatro.

Por lo que respecta a la representatividad cuantitativa en el subcorpus en inglés de C-GEFEM, los datos se ofrecen en la Figura 17.

El subcorpus en inglés de C-GEFEM es representativo a partir de los 90 documentos y aproximadamente 22000 palabras.

Figura 17. Representatividad cuantitativa del subcorpus en inglés de C-GEFEM calculada con ReCor.

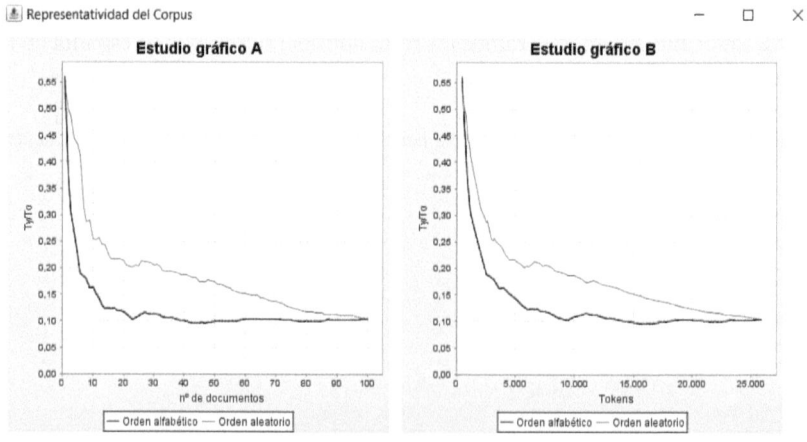

Si comparamos los gráficos producidos por ReCor, se aprecia que la herramienta ha utilizado diferentes umbrales en el Estudio gráfico B para mostrar la representatividad cuantitativa, debido a que la longitud de las fichas descriptivas de producto es más extensa en inglés que en español.

Con los datos que acabamos de describir podemos afirmar que C-GEFEM se caracteriza por ser un corpus comparable bilingüe representativo, equilibrado y fiable.

3.2.4.2. P-GEFEM

El segundo de nuestros corpus, P-GEFEM, es un corpus virtual paralelo monodireccional (español-inglés) compuesto por 100 textos que se corresponden con fichas descriptivas de embutidos originalmente escritas en español y 100 textos que se corresponden con las traducciones a la lengua inglesa de las mencionadas fichas descriptivas de embutidos. Siguiendo el mismo procedimiento que el empleado con C-GEFEM, en la Tabla 3 se describe el tamaño de P-GEFEM.

Tabla 3. Tamaño de P-GEFEM.

	Casos	Tipos
ES	18043	2709
EN	16482	2273

El equilibrio de P-GEFEM se consigue combinando dos factores, a saber, la fecha, dado que los textos proceden de 2017 y 2018, y la procedencia, puesto que se han incluido más de 30 empresas españolas.

Respecto a la representatividad cualitativa, P-GEFEM la cumple por el riguroso proceso de compilación seguido atendiendo a los postulados de Seghiri (2017) y Ortego Antón y Fernández Nistal (en prensa). En este sentido, se ha compilado seleccionando textos de un mismo género textual con sus respectivas traducciones.

Por último, nos queda comprobar la representatividad cuantitativa, es decir, si los corpus compilados incluyen "la terminología básica empleada en este género" (Seghiri, 2017: 50). Para ello, hemos repetido el mismo procedimiento con el corpus paralelo, P-GEFEM. Los resultados obtenidos de calcular la representatividad cuantitativa en español y en inglés se ofrecen en las Figuras 18 y 19.

Figura 18. Representatividad cuantitativa del subcorpus en español de P-GEFEM calculada con ReCor.

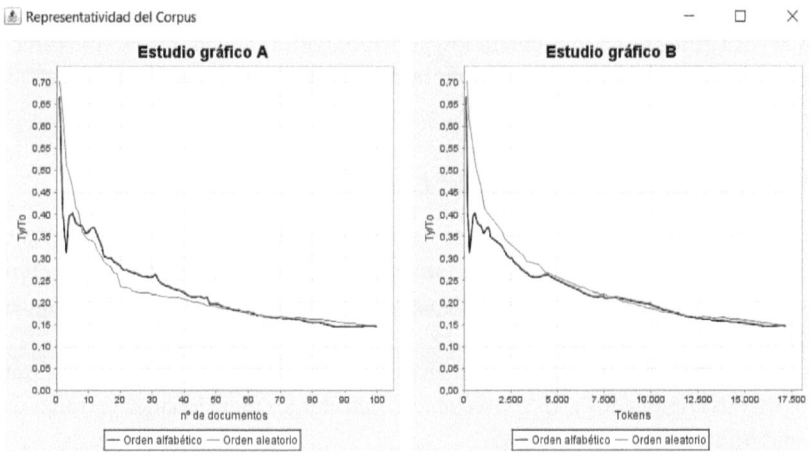

Por lo que respecta al subcorpus en español de P-GEFEM (Figura 18), la representatividad cuantitativa se alcanza a partir de 53 documentos y 8000 palabras.

Asimismo, la mencionada representatividad se alcanza en el subcorpus compuesto por traducciones al inglés tras 80 documentos y unas 11000 palabras.

Figura 19. Representatividad cuantitativa del subcorpus P-GEFEM en inglés calculada con ReCor.

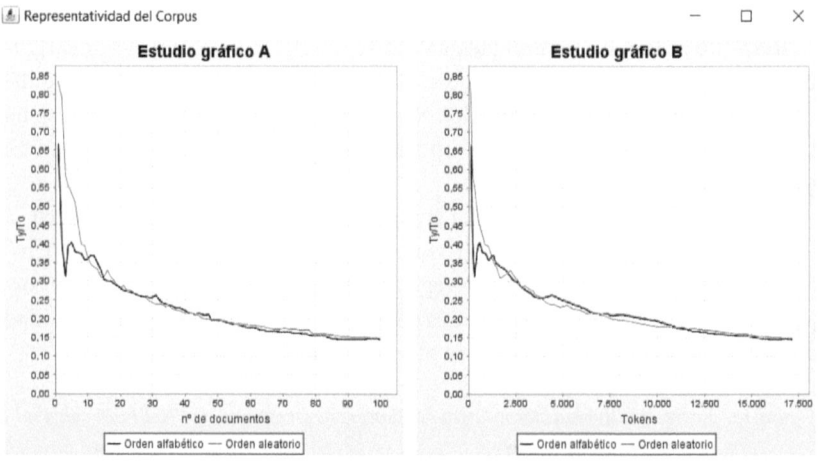

A la vista de los resultados obtenidos, podemos concluir que P-GEFEM se caracteriza por ser un corpus paralelo monodireccional equilibrado, representativo, fiable y de calidad.

3.3. La explotación de C-GEFEM y P-GEFEM

Una vez compilados los corpus, uno de los objetivos propuestos en este trabajo es detectar los patrones de comportamiento de la estructura retórica, de la terminología y de su fraseología desde una perspectiva contrastiva en las lenguas española e inglesa.

En este epígrafe describimos la metodología que hemos seguido para analizar los corpus compilados y, en consecuencia, detectar los mencionados patrones de comportamiento.

Hemos empleado un método de análisis "*top-down*", es decir, un análisis multiestratificado en el que accedemos al texto desde los aspectos generales a los detalles más concretos, en lugar de emplear la perspectiva contraria, de lo concreto a lo general (*bottom-up*).

Para lograr una descripción basada en corpus de la estructura del discurso es necesario seguir siete pasos, que se resumen en la Tabla 4.

Tabla 4. Fases del análisis del discurso utilizando una metodología "top-down" (Adaptación de Biber et al., 2007: 13).

Fases del análisis	Descripción
1. Categorías comunicativas / funcionales	Desarrollar el marco analítico: determinar el conjunto de las funciones de las unidades del discurso, es decir, las principales funciones comunicativas que las unidades discursivas representan en el corpus.
2. Segmentación	Segmentar el texto en unidades discursivas (aplicando el marco analítico de la Fase 1).
3. Clasificación	Identificar la función de cada unidad discursiva en cada texto del corpus (aplicando el marco analítico de la Fase 1).
4. Análisis lingüístico de cada unidad	Analizar las características léxico gramaticales de cada unidad discursiva en cada texto del corpus.
5. Descripción lingüística de las categorías del discurso	Describir las características lingüísticas típicas de cada categoría funcional, basándose en el análisis de todas las unidades discursivas pertenecientes a una determinada función en el corpus.
6. Estructura textual	Analizar los textos completos como secuencias de unidades discursivas en las que se alternan las diferentes funciones
7. Tendencias de organización del discurso	Describir los patrones generales de organización discursiva en los textos del corpus.

Al utilizar un enfoque "*top-down*", el marco analítico se desarrolla desde el inicio: se determinan los tipos de unidades discursivas antes del análisis del corpus y dichos tipos se tienen en cuenta durante el mencionado análisis.

En consecuencia, en primer lugar, hemos elegido un determinado género textual, las fichas descriptivas de embutidos, hemos determinado la función comunicativa y, a continuación, hemos procedido a segmentar el texto en unidades discursivas mediante el análisis de la estructura retórica a partir de un análisis de movimientos (*move analysis*) (Swales, 1990/2001).

Como indican Biber *et al.* (2007: 15), el análisis de movimientos (*moves*) se desarrolló como enfoque "*top-down*" para analizar la estructura de los textos de un determinado género textual. Se considera el texto como una secuencia de movimientos y cada movimiento representa un fragmento del texto que tiene una determinada función comunicativa.

El análisis comienza con el desarrollo del marco analítico, se identifican y descubren los diversos tipos de movimientos que pueden aparecer en el género objeto de estudio, que se corresponden con las diferencias funcionales y comunicativas que representan los distintos movimientos.

Así pues, los textos seleccionados se segmentan en movimientos, de manera que la estructura de un texto puede describirse a partir de los distintos movimientos. Biber *et al.* (2007: 15) ponen como ejemplo los artículos de investigación, que comienzan con un movimiento que identifica el tema y que repasa los trabajos previos seguidos de un movimiento en el que se delimita el nicho de investigación. A continuación, otro movimiento indica los objetivos, sintetiza los principales resultados y describe la organización del artículo.

Además, una vez codificado el corpus con los movimientos se puede comprobar si una determinada estructura es típica de un determinado movimiento y estudiar la terminología y la fraseología.

En consecuencia, en este trabajo analizamos los patrones de comportamiento retóricos y terminológicos de un determinado género textual, las fichas descriptivas de embutidos y, para ello, comenzamos con la comprobación y el contraste de la estructura retórica aplicando una metodología basada en el análisis de los movimientos retóricos.

3.3.1. Metodología de análisis de la estructura retórica

Ante la ausencia de estudios previos que aborden este género textual, consideramos pertinente obtener una aproximación de la estructura retórica de las fichas descriptivas de embutidos en las lenguas española e inglesa.

López Arroyo y Roberts (2014: 155) definen la estructura retórica como "*the hierarchic organization of a text. It involves the various sections and subsections of a text, moves and steps*". Las fichas descriptivas de embutidos, como cualquier género textual, se caracterizan por estar formadas por una serie de componentes retóricos denominados *moves* o movimientos, definidos como "*a discoursal or rethorical unit that performs a coherent communicative function*" (Biber *et al.*, 2007: 23). Los movimientos constituyen los componentes funcionales de un género y, además, como señalan Biber *et al.* (2007: 23): "*at the same time contributes to overall communicative purpose of a genre*". De hecho, algunos movimientos tienen lugar con mayor frecuencia que otros, de manera que podemos distinguir dos tipos de movimientos en función de la frecuencia de aparición: los movimientos convencionales y los movimientos opcionales (Biber *et al.*, 2007: 24). A su vez, los movimientos pueden dividirse en varios *steps* o pasos, cuya función es "*to achieve the purpose of the move to which it belongs*" (Biber *et al.*, 2007: 24).

El análisis de los movimientos y pasos basado en corpus tiene múltiples ventajas, como apuntan Biber *et al.* (2007: 37–40): permite identificar las características lingüísticas de los movimientos, proporciona la descripción de las características estructurales y de distribución típicas de cada movimiento, ofrece datos sobre su posición relativa en relación con otros movimientos y posibilita el desarrollo de un determinado género textual.

De hecho, analizando un determinado número de textos perteneciente a un género textual concreto es posible identificar la estructura retórica de dicho género, puesto que los parámetros más comunes se repetirán, pudiéndose establecer un patrón de comportamiento retórico.

No obstante, las fichas descriptivas de embutidos se corresponden con un género textual novedoso y muy restringido, razón que podría justificar que no hayamos encontrado ningún trabajo que se centrase en el análisis de su estructura retórica. Así pues, nos vemos obligados a determinar el código a partir de una muestra de datos siguiendo el procedimiento propuesto por Miles *et al.* (2014: 73) y utilizado previamente por Labrador *et al.* (2014) para examinar los anuncios en línea y Cristobalena Frutos (2016) para estudiar los manuales de instrucciones.

Así pues, hemos procedido a revisar minuciosamente una muestra de diez textos en español y diez textos en inglés que se corresponden con fichas descriptivas de embutidos y, a partir de dicha revisión, hemos diseñado una propuesta de posibles etiquetas basándonos en nuestro conocimiento previo y en la observación de los mencionados veinte textos. Dichas etiquetas, que se muestran en la Tabla 5, se corresponden con la propuesta de movimientos y pasos, y se ha empleado para anotar C-GEFEM posteriormente con la ayuda de las distintas herramientas[30] desarrolladas por el grupo de investigación interuniversitario ACTRES de la Universidad de León (Sanjurjo González, 2017).

Tabla 5. Propuesta de etiquetas retóricas.

Propuesta de etiquetas		
<Additives>	<FollowOn>	<ProductCode>
<Address>	<ImageDriedmeats>	<ProductName>
<AllergenInfo>	>ImageLogo>	<RecyclingInfo>
<Brand>	<ImageNutrition>	<ReturnAddress>
<BrandDescription>	<Ingredients>	<ShareOn>
<Comments>	<Manufacturer>	<Slogan>
<CompanyName>	<ManufacturerAddress>	<StorageInfo>
<ConceptInfo>	<Map>	<SuitableFor>

---

30 https://actres.unileon.es/wordpress/?page_id=42&lang=es (Fecha de consulta: 07/03/2019).

Propuesta de etiquetas		
<CountryofOrigin>	<NutritionalValues>	<Telephone>
<CuringPeriod>	<Other>	<Weight>
<Description>	<PackagingInfo>	<WriteReview>
<Download>	<PackedCountry>	
<eMail>	<Preparation&Use>	

Una vez establecida la propuesta de etiquetas retóricas procedemos a introducirlas en el constructor de etiquetadores.

3.3.1.1. El Constructor de etiquetadores®

Con la ayuda del Constructor de etiquetadores® desarrollado por el grupo interuniversitario ACTRES hemos introducido la propuesta de etiquetas que representan los movimientos y los pasos, y las hemos cargado para que estén disponibles en el Etiquetador de movimientos retóricos®, tal y como se puede apreciar en la Figura 20.

Figura 20. Constructor de etiquetadores®.

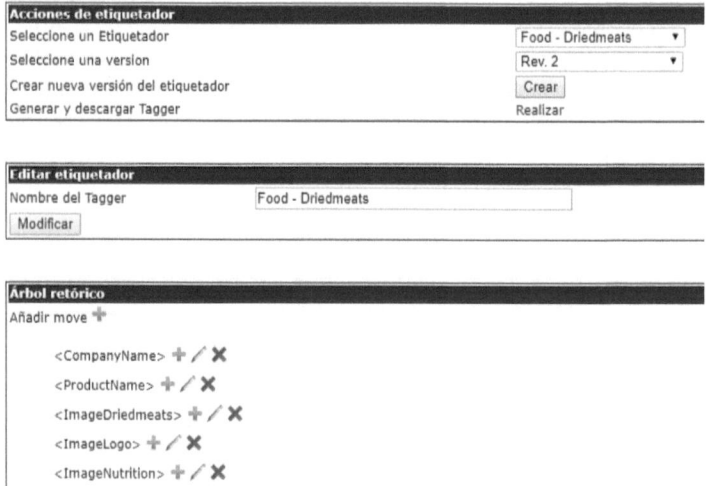

Una vez insertados los movimientos y pasos que pueden contener nuestros textos en el Constructor de etiquetadores®, hemos procedido a anotar los diversos movimientos y pasos con la ayuda del Etiquetador de movimientos retóricos®[31].

---

31 http://contraste2.unileon.es/web/es/tagger.html (Fecha de consulta: 08/03/2019).

3.3.1.2. El Etiquetador de movimientos retóricos®

El Etiquetador de movimientos retóricos® es un *software* que permite a los investigadores anotar los movimientos retóricos en textos reales, así como gestionar y almacenar los archivos una vez etiquetados. Asimismo, facilita el acceso a los bloques textuales según la anotación retórica establecida. Entre las características de este programa destaca que se trata de una interfaz muy intuitiva que hace posible el etiquetado de textos pertenecientes a géneros diferentes, por ejemplo, informes técnicos o recetas de cocina. Además, los textos etiquetados pueden recuperarse con un visor estándar que realiza búsquedas precisas y ágiles.

Por tanto, hemos procedido a etiquetar manualmente los distintos movimientos de los textos compilados en el corpus C-GEFEM, tanto en español como en inglés, con la ayuda del Etiquetador de movimientos retóricos®. La ventana principal proporciona un menú con los géneros disponibles, hemos seleccionado un directorio, un texto y, a continuación, aparecen las etiquetas que hacen referencia a los movimientos y a los pasos, como se muestra en la Figura 21.

Figura 21. Captura de pantalla del Etiquetador de movimientos retóricos®.

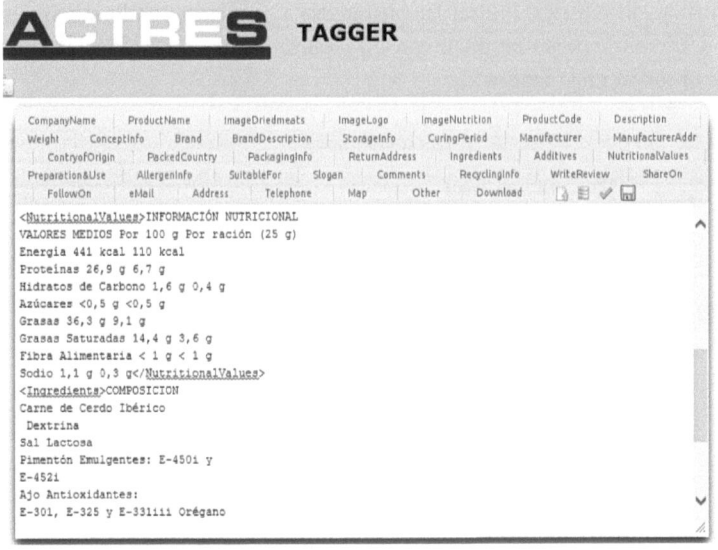

Seguidamente hemos seleccionado el fragmento de texto que representa un determinado movimiento, hemos hecho clic en la etiqueta y automáticamente dicho segmento aparece etiquetado con una etiqueta de apertura (<Nombre del movimiento>) y otra de cierre (<\Nombre del movimiento>).

3.3.1.3. El *Visor de corpus comparables bilingües*®

Una vez que los textos están anotados con los movimientos y los pasos, estos se pueden comparar a través del Visor de corpus comparables bilingües®32. Esta herramienta permite a los investigadores la observación valorativa y la aplicación del marco teórico de los campos de la lingüística de corpus, del análisis del discurso, del análisis contrastivo y de la traducción para recuperar la información lingüística y textual previamente etiquetada en más de una lengua. Funciona haciendo uso de textos etiquetados, que conforman los corpus comparables. Hace posible, con precisión y seguridad, la búsqueda y el análisis de los distintos bloques textuales. Además, se caracteriza por incluir una interfaz con un nivel muy alto de usabilidad, que posibilita utilizar distintos conjuntos de textos (corpus); recuperar información tanto cualitativa como cuantitativa, según las necesidades de la investigación; y se singulariza por ser una herramienta innovadora, ya que existen múltiples visores para corpus paralelos, pero no así para corpus comparables; y, por último, permite ahorrar tiempo y recursos humanos y materiales en cualquier tarea de investigación bilingüe.

La mencionada herramienta incluye un menú que permite analizar y contrastar la información retórica, limitar las búsquedas a un determinado movimiento o paso y, además, cuenta también con un analizador de concordancias, como se puede observar en la Figura 22.

Figura 22. Interfaz del Visor de corpus comparables®.

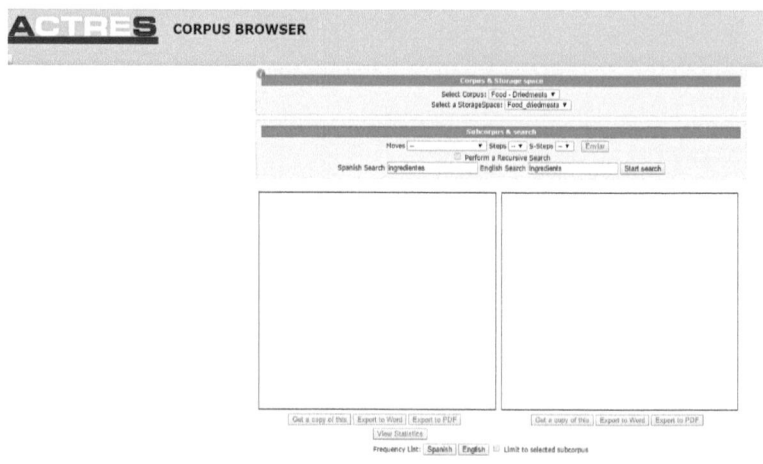

---

32 http://contraste2.unileon.es/web/es/browser.html (Fecha de consulta: 08/03/2019).

Por tanto, con esta herramienta hemos procedido a realizar un análisis de las etiquetas empleadas para verificar si la propuesta de etiquetas se corresponde con movimientos y pasos del género de las fichas descriptivas de embutidos. Para llevar a cabo dicha verificación, en primer lugar, hemos comprobado varios indicadores: el porcentaje de movimientos y pasos en cada uno de los subcorpus anotados, la ocurrencia de dichos movimientos y pasos, el porcentaje de textos en los que se incluyen los mencionados movimientos y pasos, así como el número de palabras total de cada movimiento o paso.

Por ejemplo, hemos seleccionado nuestro corpus (*Food-Driedmeats*) y el directorio (*Food_driedmeats*), en la casilla desplegable de "*Moves*" hemos buscado y seleccionado "*Ingredients*" y hemos hecho clic en "*Start search*" para poder observar todos los fragmentos de texto etiquetados con el mencionado movimiento (Ver Figura 23). Además, podemos buscar unidades léxicas dentro de un movimiento y la interfaz permite tanto obtener una copia para hacer visibles todos los resultados, como exportar dichos resultados a Word y a formato PDF.

Con estos datos podremos desarrollar un prototipo de estructura retórica formada por movimientos y pasos en cada una de las lenguas de trabajo: el español y el inglés.

Una vez que hemos obtenido los datos del análisis retórico del corpus comparable C-GEFEM en cada una de las lenguas, contrastamos dichos datos con los resultados que se desprenden del análisis del corpus P-GEFEM para comprobar si en las traducciones del español al inglés las empresas del sector agroalimentario tienen en cuenta la informatividad, que Rabadán y Fernández Nistal (2002: 22) sintetizan del siguiente modo:

> Es un parámetro que contempla dos vertientes del análisis, por un lado, la aportación de nueva información según la situacionalidad y, por otro, la redistribución de la información del TO de forma diferente en el TM. La función final del texto está estrechamente ligada a la informatividad, ya que es esta junto con la situacionalidad la que determina si se necesita nueva información. En el plano pragmático, los hallazgos de la investigación de textos comparables, entendiendo por tales textos originales en distintas lenguas que comparten parámetros situacionales comunes y tiene la misma función comunicativa, se aplican de forma satisfactoria a la traducción para así asegurar la fiabilidad y aceptabilidad del TM. La redistribución de la información de forma adecuada dirigirá la atención del autor a diversos segmentos textuales.

En consecuencia, hemos verificado si los textos traducidos al inglés siguen los patrones de comportamiento retórico típicos de dicha lengua o si, por el contrario, muestran una estructura retórica calcada del español al inglés.

Una vez explicada la metodología para establecer la estructura retórica de las fichas descriptivas de producto y analizadas las diferencias y similitudes sobre el peso específico de cada movimiento y de cada paso, así como contrastados los resultados que se desprenden de C-GEFEM y P-GEFEM, hemos procedido a extraer y definir las líneas modelo.

3.3.2. Metodología de análisis de las líneas modelo

Con el Visor de corpus comparables bilingües® hemos comparado los distintos movimientos y pasos en varios textos para identificar las "líneas modelo", que López Arroyo y Roberts (2015: 157) definen como *"typical sentences and parts of sentences found in a given text type where the content and the format is fairly standard"*. De hecho, las líneas modelo son muy típicas en las plantillas de escritura y en las aplicaciones de redacción basadas en traducción. Por lo general, se presentan con huecos que los usuarios completan con la opción que mejor se adecua al contexto y están basadas en corpus (López Arroyo y Roberts, 2015: 158 y ss; Arce Romeral y Seghiri, 2019). Por tanto, utilizando el analizador de concordancias del Visor de corpus comparables bilingües® hemos obtenido un listado de todos los ejemplos de un determinado movimiento, como se puede observar en la Figura 23.

Figura 23. Captura de pantalla de los textos etiquetados con el movimiento <Ingredientes>.

A continuación, de la revisión de los resultados obtenidos en cada movimiento y en cada paso en ambas lenguas extraemos la línea modelo para los movimientos y pasos típicos verificando el listado de palabras clave y comprobando los resultados con el analizador de concordancias del Visor de corpus comparables bilingües®.

Figura 24. Resultados de "pork" obtenidos en el movimiento <Ingredientes> con el analizador de concordancias incluido en Visor de corpus comparables bilingües®.

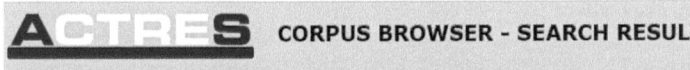

Con los datos que se desprenden del análisis, basándonos en las frecuencias, es decir, en los patrones que aparecen con mayor frecuencia en cada uno de los movimientos y pasos, establecemos las líneas modelo.

Una vez obtenida la estructura retórica prototípica y las líneas modelo, la siguiente fase de nuestro trabajo se corresponde con realizar un análisis de la terminología y de su fraseología, por lo que es necesario definir el marco en el que vamos a desarrollar dicho análisis.

3.3.3. Metodología de análisis de la terminología y de su fraseología

3.3.3.1. Introducción

El léxico de un determinado campo de especialidad, es decir, la terminología (Sager 1990: 3), es uno de los principales obstáculos que tienen los traductores y redactores multilingües a la hora de trasvasar el conocimiento experto entre lenguas y culturas diferentes.

Terminology is the discipline concerned with the collection, processing, description and presentation of terms, which are lexical items belonging to a specialized subject field (e.g. medicine, law, engineering, library science or art history). As part of any translation project, translators must identify appropriate equivalents for the specialized terms that they encounter in a source text. In some cases, they must also take into account the particular terms preferred by their clients. Research in the specific terminology needed to complete any given translation can be a time-consuming and labour-intensive task, and it has long been recognized that it does not make sense to repeat this research when a new text needs to be translated (Bowker, 2015: 304).

Por otro lado, la gestión de terminología se ha potenciado históricamente desde el sector público y no desde el sector privado, como señala Warburton (2015: 363). Se han desarrollado bancos terminológicos financiados con fondos públicos y dirigidos a satisfacer las necesidades gubernamentales, ya estén estas relacionadas con la planificación lingüística, especialmente con las lenguas minoritarias, con la traducción de documentos o con los servicios públicos. Las características de los mencionados bancos pueden considerarse redundantes para el sector empresarial, puesto que están diseñados para ser consultadas por humanos y no están optimizados para poder ser leídos por herramientas informáticas, por ejemplo, el *software* TAO. Por último, el retorno de la inversión en este tipo de productos es secundario.

Sin embargo, es un hecho ampliamente reconocido que una buena gestión de la terminología puede ayudar a mejorar la calidad lingüística, reducir los costes y acortar los plazos de entrega de un proyecto de traducción.

En la comunicación especializada y, por ende, en la práctica profesional de la traducción es absolutamente esencial garantizar la consistencia del texto traducido, desde el punto de vista terminológico: "*Terminology work plays a key role both in monolingual knowledge management processes as in multilingual document management and translation work*" (Steurs et al. 2015: 223). Comprender los conceptos que están representados por símbolos lingüísticos en la lengua origen es crucial para poder trasvasar los textos especializados y, en consecuencia, es un prerrequisito necesario para elegir el equivalente en la lengua de llegada. Por tanto, una buena gestión de la terminología es una pieza clave si queremos conseguir una buena gestión de la información y del conocimiento especializados en una empresa.

Desde una perspectiva opuesta, una inadecuada gestión terminológica puede tener un impacto negativo, puesto que la inconsistencia terminológica puede entorpecer la comunicación, crear confusión, dañar la imagen de la empresa, etc.

Así pues, la gestión de la terminología aplicada a la traducción ha dado lugar a dos enfoques: la creación de recursos multilingües controlados a gran escala denominados bancos de datos y la producción de recursos terminológicos más pequeños y más personalizados denominados bases de datos terminológicas (Bowker, 2015: 306). En este trabajo nos centraremos en diseñar una base de datos terminológica que recopile los principales términos pertenecientes al género de las fichas de embutidos, primera fase de un proyecto más ambicioso que, a medio plazo, pretende recoger la terminología de la totalidad del sector de los embutidos.

Por otro lado, está ampliamente constatado que, actualmente, la gestión terminológica, ya sea para elaborar bancos o bases de datos, tiene que estar basada en corpus lingüísticos:

> *In order to gain a better insight into the principles governing specialist communication, an approach is needed that involves descriptive, linguistic and semasiological elements and that is based on the analysis of specialised texts and corpora. As there is a constant shift from linguistic symbols belonging to the general language to specialized texts, words and terms move from general into specialized contexts and move from one domain into the other. Even within specialized corpora, polysemy may occur. The only possible way to keep track of the actual use of terms and their contextual behaviour, is to draw on corpus date and use corpus analysis tools* (Steurs et al., 2015: 223).

En consecuencia, es necesario explotar C-GEFEM y P-GEFEM para, por un lado, detectar las equivalencias y observar qué patrones se desprenden del trasvase interlingüístico del español al inglés de la terminología utilizada en las fichas descriptivas de embutidos y, por otro lado, diseñar una base de datos terminológica. Así pues, comenzamos describiendo el procedimiento que hemos empleado para extraer los candidatos a término, validarlos y verificar qué equivalentes se utilizan al traducir las fichas de producto. A continuación, mediante el contraste de resultados en C-GEFEM, hemos comprobado si dichos equivalentes se emplean al redactar originalmente en lengua inglesa. Por último, antes de adentrarnos en el diseño y la elaboración de la base de datos terminológica que recoja los principales términos más frecuentes del género textual que nos ocupa, ante la multitud de corrientes terminológicas existentes, abordaremos los fundamentos teóricos desde los que nos aproximaremos a la terminología, describiremos la metodología para diseñar la base de datos terminológica y ofreceremos ejemplos de varias entradas.

3.3.3.2. *La extracción de los términos*

Los corpus carecen de utilidad si no disponemos de herramientas para acceder a la información que contienen y extraerla de forma rápida y eficaz, porque "*a corpus is only as good as the querying system you have to consult it*" (Roberts, 1996b; en Rabadán y Fernández Nistal, 2002: 69).

Para proceder a analizar la terminología y su fraseología, especialmente las colocaciones, definidas por Sinclair (1991: 170) como *"the occurrence of two or more words within a short space of each other in a text"*, así como los términos multiverbales, compuestos por dos o más palabras, es necesario, en primer lugar, extraerlos automáticamente con la ayuda de TermoStat Web 3.0. (Drouin, 2003). Esta herramienta, disponible para poderse utilizar con las lenguas francesa, inglesa, española, italiana y portuguesa, automáticamente compara el contenido de nuestro corpus con un corpus de referencia y ofrece los candidatos a término. Cada candidato a término, que puede ser simple (una palabra) o complejo (multiverbal), recibe una puntuación basándose en la frecuencia del término en el corpus analizado, así como en la frecuencia en un corpus pretratado, es decir, un corpus de referencia. El corpus de referencia en español tiene 30 millones de palabras (casos), que se corresponden con 527.000 formas diferentes (tipos). Es un corpus general que procede del Parlamento Europeo, en el que se incluyen diversidad de temáticas, lo que es relevante a la hora de minimizar la uniformidad temática de dicho corpus.

Por lo que respecta al funcionamiento de TermoStat Web 3.0., la herramienta extrae los términos en tres etapas:

1. Etiquetado del texto. El texto que se sube a TermoStat Web 3.0. y se etiqueta automáticamente con TreeTagger, es decir, la herramienta desambigua las palabras por categorías gramaticales, de manera que cada palabra tiene una etiqueta (nombre, verbo, adjetivo, etc.).
2. Extracción de cadenas de caracteres que se corresponden con un conjunto de reglas predefinidas. A partir del texto etiquetado, TermoStat Web 3.0. aplica un filtro, asistido por expresiones regulares, para extraer las palabras o los conjuntos de palabras que se corresponden con diferentes matrices sintácticas predefinidas. Las matrices más frecuentes tienden a ser "nombre", "nombre + adjetivo", "nombre + preposición + nombre", "nombre + preposición + nombre + adjetivo", "nombre + participio pasado", "nombre + adjetivo + preposición + nombre", "adjetivo", "adverbio" y "verbo".
3. Ponderación y selección de los candidatos a término. Cada candidato recibe una puntuación en función del método escogido de presentación de los resultados. Los candidatos a término que reciben la puntuación más alta son los más pertinentes en el texto. Un umbral de aceptabilidad permite excluir las palabras o expresiones que no son términos. Además, la especificidad[33]

---

33 La especificidad es el reflejo de la frecuencia inusual de una unidad léxica en un corpus especializado. Este método se sustenta en la hipótesis de que una unidad con una frecuencia inusual se corresponde con un término.

refleja que la frecuencia inusual de una unidad permite que la herramienta la asocie como candidata a término.

En consecuencia, con la ayuda de esta herramienta, a través de la comparación de las unidades etiquetadas gramáticamente en nuestro corpus y en un corpus de referencia, obtenemos el listado de los candidatos a término según el grado de especificidad en C-GEFEM, ordenados por frecuencia de aparición, junto a las variantes ortográficas detectadas en el corpus. Además del listado de candidatos a término, esta herramienta también ofrece colocaciones basadas en nombres, es decir, combinaciones frecuentes de unidades en las que el nombre es la unidad principal, lo que puede resultar útil para determinar las colocaciones de los términos.

Una vez seleccionados los candidatos a término, los hemos validado manualmente para comprobar si pertenecen al género textual de las fichas descriptivas de embutidos o, por el contrario, se trata de unidades léxicas pertenecientes a la lengua general.

3.3.3.3. La validación de los candidatos a término

Para asegurarnos de que una unidad léxica constituye un término vamos a aplicar los criterios propuestos por L'Homme (2004: 84–86) para identificar los términos y que exponemos a continuación:

a. La unidad léxica tiene un significado relacionado con un determinado campo de especialidad.
b. La naturaleza de los actantes semánticos puede servir de indicio para confirmar el significado especializado de una unidad léxica de naturaleza predicativa. Si los actantes se consideran términos según el criterio establecido en el punto anterior, es muy probable que la unidad léxica de naturaleza predicativa también lo sea.
c. El parentesco morfológico es otro indicio que permite confirmar que un término pertenece a un campo de especialidad. Si existen términos que cumplen con los criterios previamente enunciados en los puntos previos, los derivados de dichos términos también serán especializados.
d. Cualquier relación paradigmática, es decir, diferente a la morfológica, compartida por una unidad léxica con un término admitido en función de los tres criterios que acabamos de enunciar, revela un significado especializado.

Así pues, hemos comprobado si los candidatos a término propuestos por el extractor automático TermoStat Web 3.0. (Drouin, 2003) cumplen los criterios que acabamos de enunciar. A continuación, hemos establecido el listado de términos que constituirán la muestra de análisis y que hemos analizado contrastivamente en español y en inglés junto a los patrones de comportamiento de su fraseología. Por último, hemos alimentado la base de datos e-DriMe, de la que ofreceremos varios ejemplos.

3.3.3.4. *Los equivalentes de los términos y su fraseología*

Para establecer qué equivalentes se emplean durante el trasvase interlingüístico de las fichas de producto del español al inglés hemos utilizado la metodología previamente empleada en Ortego Antón y Fernández Nistal (en prensa), que se basa en la extracción de los equivalentes en un corpus paralelo (P-GEFEM), así como de la fraseología típica de dichos equivalentes y el contraste de los resultados en un corpus comparable (C-GEFEM) para verificar si los patrones de comportamiento detectados en los equivalentes del corpus paralelo son similares a los revelados en el corpus comparable o, por el contrario, son característicos de los textos traducidos y en los textos originalmente redactados en lengua inglesa se emplean otros usos.

Para ello, en primer lugar, necesitamos un analizador de concordancias multilingüe que alinee los subcorpus en español y en inglés de P-GEFEM para detectar qué equivalentes de los términos más frecuentes que caracterizan las fichas de embutidos del español al inglés se emplean en lengua inglesa.

Con el fin realizar dicha tarea, hemos utilizado ParaConc, uno de los principales programas de concordancias diseñado para llevar a cabo análisis contrastivos. Entre sus principales funciones destaca la alineación de los textos paralelos en cada una de las lenguas (hasta cuatro subcorpus), la búsqueda de las unidades léxicas en contexto (*KWIC*) y la obtención de un listado de las unidades léxicas ordenadas por frecuencia, así como de las colocaciones y la fraseología de los términos más frecuentes.

Seguidamente con la función "*Search*" hemos introducido uno de los términos que forman parte de la muestra de análisis y hemos obtenido el equivalente o los equivalentes en inglés.

Figura 25. Búsqueda de equivalentes con ParaConc.

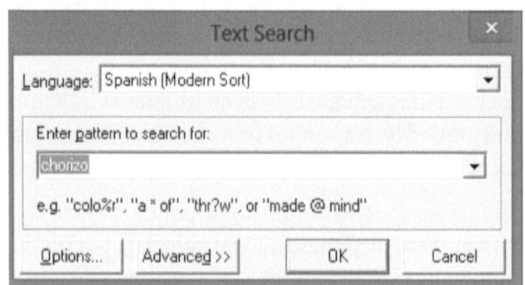

Los resultados de la búsqueda ofrecen los equivalentes que se utilizan a la hora de traducir dicho término del español al inglés.

Figura 26. Equivalentes de chorizo extraídos con ParaConc.

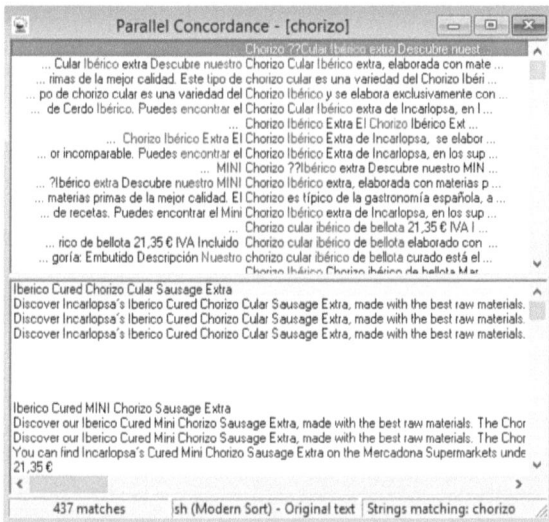

Una vez detectados los equivalentes, con AntConc 3.5.7., un analizador de concordancias gratuito desarrollado por Anthony (2018), hemos buscado las colocaciones. Este analizador permite cargar automáticamente la carpeta en la que tengamos el corpus por lenguas con la opción "*File > Open Dir*".

Figura 27. Captura de pantalla de la selección del corpus con AntConc 3.5.7.

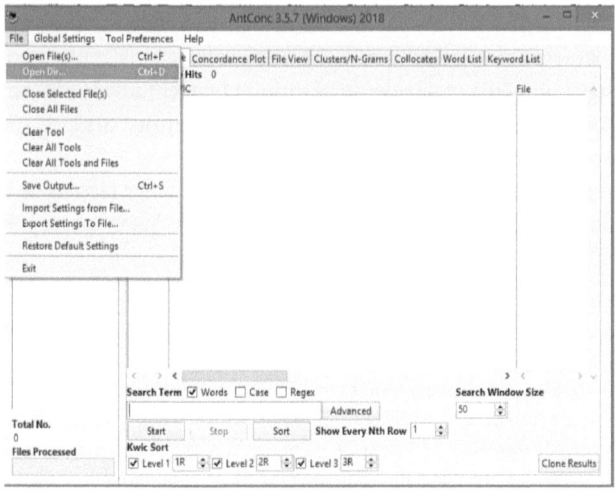

Hemos buscado las frecuencias de aparición de los principales términos en los subcorpus en español de P-GEFEM utilizando la función "*Concordance*". Para ello, hemos incluido en la casilla de búsqueda el término, hemos hecho clic en "*Start*" y en "*Concordance Hits*" hemos obtenido el número de ocurrencias del término en el corpus.

Figura 28. *Ejemplo de búsqueda de ocurrencias del término "chorizo" con AntConc 3.5.7. (Anthony, 2018).*

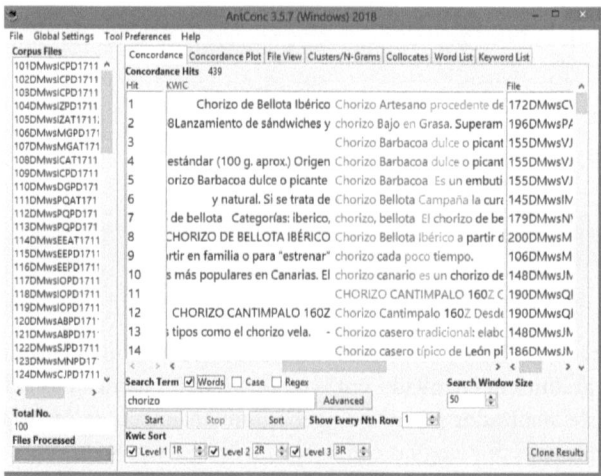

Hemos repetido el mismo proceso con cada uno de los equivalentes en el subcorpus en inglés de P-GEFEM y hemos calculado la frecuencia normalizada para poder comparar los resultados entre sí. La frecuencia normalizada se corresponde con el número de ocurrencias de un término entre el tamaño del corpus multiplicado por base de normalización (McEnery y Hardie, 2012: 49–50), que en nuestro caso será 100.

Por último, hemos categorizado los equivalentes según la técnica de traducción empleada durante el trasvase interlingüístico siguiendo la taxonomía ofrecida por Molina y Hurtado Albir (2002: 509–511):

> *Adaptation.* To replace a ST cultural element with one from the target culture.
> *Amplification.* To introduce details that are not formulated in the ST: information, explicative paraphrasing, etc.
> *Borrowing.* To take a word or expression straight from another language.
> *Calque.* Literal translation of a foreign word or phrase.
> *Compensation.* To introduce a ST element of information or stylistic effect in another place in the TT because it cannot be reflected in the same place as in the ST.

Description. To replace a term or expression with a description of its form or/and function.
Discursive creation. To establish a temporary equivalence that is totally unpredictable out of context.
Established equivalent. To use a term or expression recognized (by dictionaries or language in use) as an equivalent in the TL.
Generalization. To use a more general or neutral term.
Linguistic amplification. To add linguistic elements.
Linguistic compression. To synthesize linguistic elements in the TT.
Literal translation. To translate a word or an expression word for word.
Modulation. To change the point of view, focus or cognitive category in relation to the ST; it can be lexical or structural.
Particularization. To use a more precise or concrete term.
Reduction. To suppress a ST information item in the TT.
Substitution (linguistic, paralinguistic). To change linguistic elements for paralinguistic elements (intonation, gestures) or vice versa.
Transposition. To change a grammatical category.
Variation. To change linguistic or paralinguistic elements (intonation, gestures) that affect aspects of linguistic variation: changes of textual tone, style, social dialect, geographical dialect, etc.

Una vez detectados los términos, sus equivalentes y categorizados estos últimos, hemos procedido a buscar las colocaciones o combinaciones de palabras recurrentes (Pizarro, 2017: 229). En este punto, conviene diferenciar este concepto de "patrón", definido por Hunston y Francis (2000: 3) como "*a phraseology frequently associated with (a sense of) a word, particularly in terms of prepositions, groups and clauses that follow the word*" y que Gries (2008: 6) indica que tiene que funcionar como una unidad semántica con alta frecuencia.

No obstante, surge la cuestión de qué frecuencia mínima utilizar y la respuesta depende del objetivo de la investigación y del tamaño del corpus. Por ejemplo, Biber *et al.* (1999: 992) consideran que los grupos de tres palabras son un tipo de "*extended collocational association*" mientras que los grupos de cuatro a seis palabras son "*more phrasal in nature*", así que merece la pena analizarlos.

Para establecer la frecuencia mínima, en este trabajo vamos a emplear la cifra propuesta por Pizarro (2017: 230), que aboga por emplear un tamaño mínimo que variará de dos palabras a un máximo de cinco palabras. En lo relativo al umbral de frecuencia, establecer una cifra es todavía más complicado que el tamaño, puesto que depende del objetivo del estudio y la cifra está directamente relacionada con el tamaño del corpus, de ahí que cuanto mayor sea el corpus, mayor tendrá que ser el umbral para evitar el ruido y, cuando más pequeño sea el corpus, menor tendrá que ser el umbral para evitar demasiado silencio. Por tanto, este criterio está relacionado con el tamaño del corpus y con la frecuencia mínima y no ofrece una solución. Por ejemplo, Biber *et al.* (1999) ofrecen cifras para el corpus *Longman Spoken and Writ-*

ten English, que tiene 40 millones de palabras: *"the word combination must occur at least ten times per million words in a register, and these occurrences must be spread across at least five different texts in the register"*. Dado que el objetivo de este trabajo en lo relativo a la fraseología y a las unidades multiverbales se corresponde con el objetivo del estudio de Pizarro (2017: 231), es decir, *"to identify which multi-words combinations are commonly used in a specific genre and not to provide a comprehensive list of all of them, a high threshold would be valid"*, tendremos en cuenta las colocaciones que aparecen en español con una frecuencia igual o superior a tres.

Para extraer las colocaciones más frecuentes de los términos que constituyen la muestra de análisis hemos utilizado el analizador de concordancias AntConc 3.5.7 (Anthony, 2018). Para ello, hemos cargado el subcorpus en español de P-GE-FEM seleccionando "*File > Open Dir*" y la carpeta de nuestro ordenador donde se encuentra alojado el mencionado corpus.

Una vez cargado el corpus en AntConc 3.5.7. (Anthony, 2018), hemos hecho clic en la pestaña "*Clusters/N-Grams*". Con esta función la herramienta detecta los grupos de palabras de una determinada longitud para localizar las expresiones más comunes. Hemos procedido a activar la casilla "*N-Grams*", hemos limitado los resultados al intervalo de dos a cinco palabras y hemos lanzado el análisis haciendo clic en "*Start*".

Figura 29. Ejemplo de búsqueda de colocaciones con la pestaña "Clusters/N-grams" de AntConc 3.5.7. (Anthony, 2018).

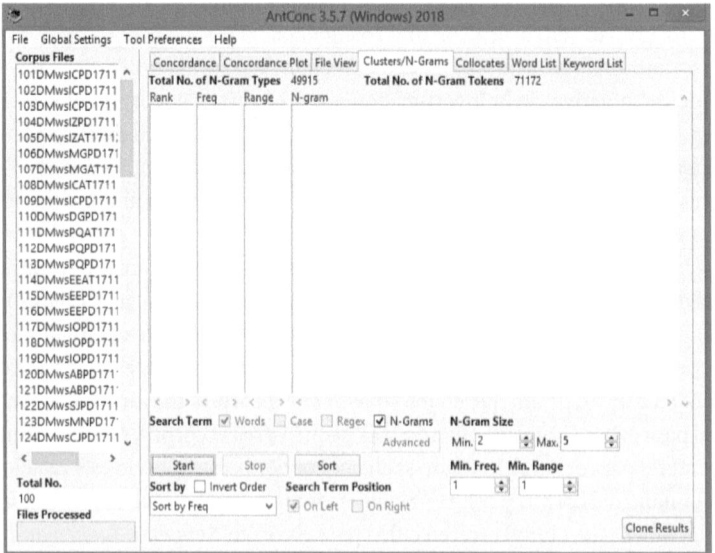

En pantalla aparecerán todas las colocaciones, como se muestra en la Figura 30.

Figura 30. Resultados de la búsqueda de "Clusters / N-Grams" con AntConc 3.5.7. (Anthony, 2018).

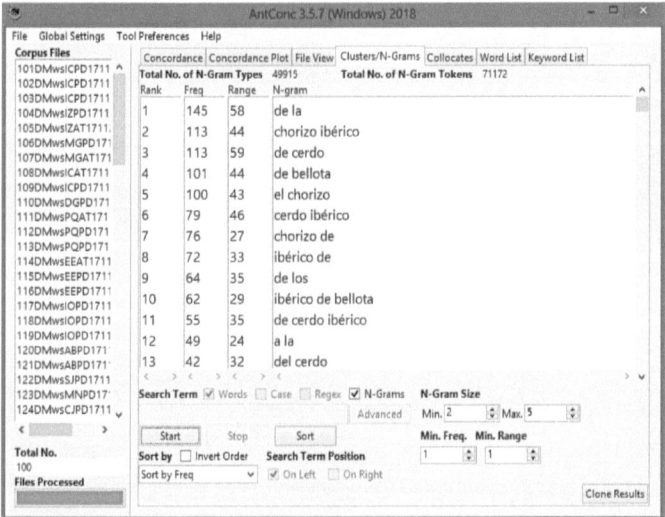

Hemos revisado manualmente los resultados y hemos confeccionado un listado con las principales colocaciones (los primeros 40 resultados), que incluyen el número que ocupa cada colocación en el *ranking* de AntConc 3.5.7. (Anthony, 2018), el número de ocurrencias y el número de textos en los que aparecen dichas colocaciones.

Una vez detectada la fraseología en español, hemos buscado los equivalentes en el subcorpus en inglés de P-GEFEM. Para ello, hemos utilizado otra vez ParaConc y hemos repetido el mismo proceso de búsqueda que el utilizado para detectar los equivalentes de los términos: hemos cargado ambos corpus y con la función "*Search*" hemos introducido las colocaciones para obtener el equivalente o los equivalentes, que presentaremos agrupados en función del núcleo del sintagma en español y que irán acompañados del porcentaje que dichos equivalentes representan sobre el total de equivalentes propuestos para la colocación en español.

Hemos concluido el análisis comprobando los datos resultantes de P-GEFEM con los que se desprenden del análisis de C-GEFEM, que hemos explotado con AntConc 3.5.7. (Anthony, 2018). Primeramente, hemos verificado que en el subcorpus en inglés de C-GEFEM se empleen las mismas colocaciones que las detectadas en P-GEFEM, para así confirmar si la mencionada fraseología es típica de las traducciones o, por el contrario, también se emplea en los textos redactados originalmente en lengua inglesa.

Para ello, hemos procedido a abrir "*Tool Preferences > Wordlist*" y a cargar una *stoplist*[34] en inglés para evitar que los primeros resultados sean unidades léxicas vacías de significado como preposiciones, conjunciones, pronombres o artículos.

Figura 31. Captura de pantalla de la stoplist *introducida en AntConc 3.5.7. (Anthony, 2018).*

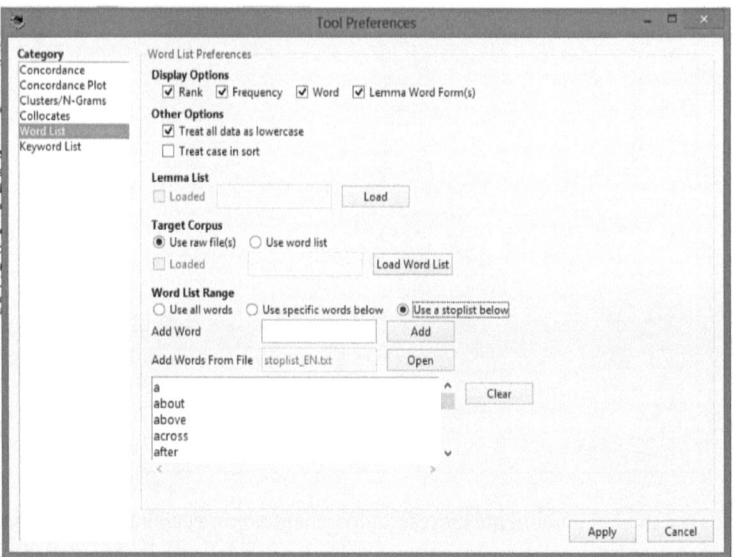

Seguidamente, en la pestaña "*Word List*", hemos hecho clic en "*Start*" y el programa automáticamente ha extraído los términos más frecuentes de nuestro corpus, como se muestra en la Figura 32, que se corresponden con los principales términos en español.

---

34 Las stoplists en inglés y en español utilizadas en este estudio se extrajeron de Internet y paulatinamente se han ido añadiendo manualmente nuevas unidades léxicas.

Figura 32. Captura de pantalla de los resultados de "Word List" de AntConc 3.5.7. (Anthony, 2018).

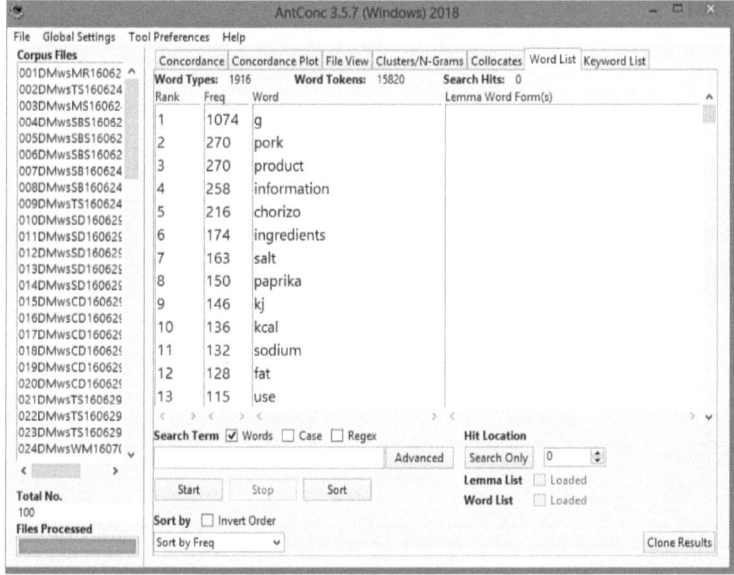

A continuación, contrastamos si dichos términos se corresponden con la traducción ofrecida en P-GEFEM.

En segundo lugar, en la pestaña "*Clusters/N-grams*" hemos insertado en la casilla de búsqueda los principales términos en inglés y hemos acotado el tamaño de las colocaciones (de dos a cinco unidades) y la frecuencia mínima (dos). Primero hemos realizado una búsqueda a la derecha y, a continuación, a la izquierda, para observar la fraseología de los términos más frecuentes.

Figura 33. Captura de pantalla de la búsqueda de fraseología con la opción "Clusters / N-Grams" de AntConc 3.5.7. (Anthony, 2018).

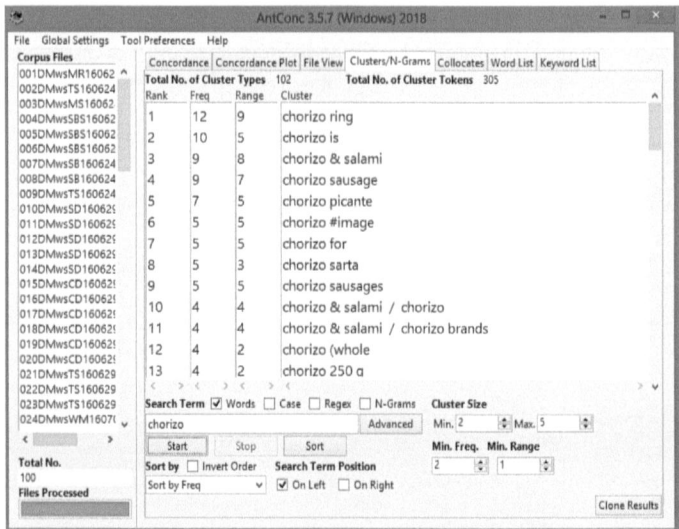

Hemos revisado el listado y manualmente hemos extraído las principales colocaciones y unidades multiverbales y, por último, hemos contrastado los resultados con los obtenidos del análisis de P-GEFEM.

Una vez realizado dicho análisis, hemos procedido a describir los resultados obtenidos y a completar la base de datos e-DriMe con el equivalente adecuado.

3.3.4. e-DriMe

En este epígrafe procedemos a detallar, en primer lugar, los fundamentos teóricos en los que vamos a basar el diseño y la compilación de e-DriMe, una base de datos terminológica basada en marcos semánticos que recoge la terminología del género textual de las fichas descriptivas de embutidos.

3.3.4.1. Fundamentos teóricos

Por lo que respecta al tipo de recurso de gestión terminológica que vamos a diseñar con los resultados que se desprendan del análisis, tradicionalmente los recursos compilados por los terminólogos reflejan dos perspectivas diferentes. Por un lado, se puede seguir un enfoque centrado en el conocimiento (*knowledge-driven approach*), que persigue presentar una representación de dicho conocimiento y que se caracteriza por ofrecer escasa información sobre las propiedades lingüísticas de los términos.

De hecho, los diccionarios especializados se corresponden con repositorios de conocimiento y los términos pueden definirse como *"linguistic components of knowledge structures (i.e., linguistic labels attached to nodes that represent concepts)"* (L'Homme y Robichaud, 2014: 186). En consecuencia, estas estructuras de conocimiento tienden a focalizar el interés en los términos que denotan entidades y que se representan mediante nombres. Por lo general, no muestran suficiente interés por los procesos y los eventos, que no se suelen representar adecuadamente, así que el significado de los mencionados procesos y eventos no se recoge por completo.

Por otro lado, el enfoque centrado en el léxico (*lexicon-driven approach*) permite relacionar las descripciones de los términos que ofrecen información sobre las propiedades lingüísticas con el tipo de representación de conocimiento que expresan (L'Homme, 2018: 6). En este enfoque, el punto de partida es el léxico, sus propiedades y su manifestación en los textos, para moverse gradualmente con la conexión con el conocimiento especializado.

Por tanto, conscientes de los problemas que tiene el enfoque basado en el conocimiento, los investigadores han propuesto métodos alternativos siguiendo el enfoque centrado en el léxico para describir los términos y, así, recoger las propiedades tanto lingüísticas como cognitivas.

> *We believe that for terminological resources to be useful for all sorts of users, they should provide answers to lexicon driven questions and, to the extent to which this is possible, to knowledge-driven ones. We assume that it is possible to connect descriptions of terms that give information about their linguistic properties to a form of representation of knowledge they express* (L'Homme, 2018: 6).

En consecuencia, una posible solución son las representaciones basadas en la semántica de marcos. La semántica de marcos (Fillmore, 1976; Fillmore y Baker, 2010) es una rama de la lingüística cognitiva que se basa en la asunción de que los significados de las unidades léxicas se construyen en relación con un conocimiento básico que se fundamenta en la experiencia previa, en las creencias o en las convenciones sociales. La estructura de este conocimiento básico se representa a través de marcos semánticos. Estos proporcionan descripciones abstractas de las situaciones evocadas por las unidades léxicas. Un marco semántico modela una determinada situación que, a su vez, comprende una serie de participantes y otros elementos conceptuales, que constituyen los elementos del marco. Este enfoque ha dado lugar a la terminología basada en marcos.

> *Frame-based Terminology (FBT) is a cognitive approach to terminology, which directly links specialized knowledge representation to cognitive linguistics and semantics (Faber, 2011, 2012). As such, it shares many of the premises as Cabré Castellví's (1993, 1999) "Communicative Theory of Terminology" and Temmerman's (2000, 2001) "Sociocognitive Theory of Terminology", which also study terms by analysing their behaviour in texts* (Faber, 2015: 14).

En la terminología basada en marcos, los marcos sistemáticamente se reflejan en las relaciones léxicas y en los componentes del significado codificados en las definiciones terminológicas. Las definiciones se basan en la información extraída de un corpus compuesto por textos especializados, que es, a su vez, la principal fuente de información semántica, sintáctica y pragmática transmitida por la unidad de conocimiento especializado.

En los últimos años han surgido proyectos que han desarrollado marcos, por ejemplo, FrameNet, que versa sobre el lenguaje general, y otros investigadores lo han aplicado a ontologías existentes: Dolbey *et al.* (2006) y Wandji *et al.* (2013) se han centrado en la medicina, Schmidt (2009) en el fútbol, Pimentel (2013, 2015) en el derecho, L'Homme (2012) en la informática y esta misma autora (L'Homme, 2015, 2018) y Faber (2012) en el medio ambiente.

Las ventajas de la utilización de marcos en terminología están ampliamente constatadas en los estudios previos. Como recoge L'Homme (2018: 7), en primer lugar, se parte del ejemplo, siguiendo la estructura de FrameNet, lo que justifica la naturaleza lingüística de las unidades léxicas. En segundo lugar, los marcos proporcionan descripciones abstractas de las situaciones evocadas por las unidades léxicas, es decir, los marcos nos permiten explicar las situaciones que se desarrollan en campos de especialidad, describir los participantes obligatorios de la situación que son necesarios para ofrecer una definición, así como mencionar los participantes opcionales, por ejemplo, la causa, el lugar, el tiempo, etc., que hacen referencia a dicha situación pero no son imprescindibles para definirla. Por último, tal y como se recoge en FrameNet, los marcos pueden relacionarse entre sí para ofrecer una perspectiva más amplia de las actividades que tienen lugar en un determinado campo del saber.

Basándose en el proyecto de FrameNet, L'Homme (2018: 9–16) desarrolló una metodología ascendente (*bottom-up methodology*) para elaborar un recurso terminológico basado en corpus multilingüe (inglés, francés, español y portugués) que contiene más de mil entradas sobre el medio ambiente. Las fases que comprende dicha metodología incluyen la compilación de un corpus especializado, la identificación de los términos, la extracción de contextos, la definición de la estructura, la anotación de los contextos y la definición de los marcos semánticos, así como de las relaciones entre marcos. De hecho, vamos a adaptar la aplicación de la mencionada metodología para el diseño y la compilación de nuestra base de datos terminológica, que denominaremos e-DriMe.

Asimismo, cuando se compilan recursos lexicográficos y terminológicos hay que tener en cuenta las necesidades de los usuarios finales, puesto que la estructura y los datos que se incluyan en la base de datos terminológica dependerán de las mencionadas necesidades.

Por tanto, una vez descrito el marco teórico en el que vamos a basar el diseño y la elaboración de la base de datos terminológica, no podemos olvidar que los recursos lexicográficos y terminológicos se compilan para satisfacer las necesidades de los usuarios:

> Dictionaries are considered utility products that are made to satisfy certain human needs. Consequently, all theoretical and practical considerations must be based upon a determination of these needs, i.e., what is needed to solve the set of specific problems that pop up for a specific group of users with specific characteristics in specific user situations (Bergenholtz y Tarp, 2003: 172).

En consecuencia, el diseño de cualquier recurso lexicográfico y terminológico en formato electrónico también depende de los principios de la teoría funcional de la lexicografía (Bergenholtz y Tarp 2002, 2003). Así pues, el primer paso será determinar el perfil de los usuarios de e-DriMe.

Por lo que respecta a la teoría funcional de la lexicografía, esta distingue dos principales grupos de situaciones de uso: en el primer grupo, el usuario quiere obtener información adicional sobre un tema o sobre una determinada lengua relacionada con el proceso de aprendizaje de lenguas. En el segundo grupo, el usuario acude a una obra para dar solución a un problema de comunicación oral o escrito, de manera que surge el obstáculo comunicativo y la solución se encuentra en la mencionada obra. A este último grupo de situaciones se les denomina orientadas hacia la comunicación. Asimismo, estos autores (Bergenholtz y Tarp, 2003: 175) distinguen seis tipos de situaciones de uso orientadas hacia la comunicación y el recurso que pretendemos diseñar pretende utilizarse en las siguientes situaciones:

1. *Production of texts in the mother tongue (or first language).*
2. *Reception of texts in the mother tongue (or first language).*
3. *Production of texts in a foreign language (or second, third language, etc.).*
4. *Reception of texts in a foreign language (or second, third language, etc.).*
5. *Translation of texts from the mother tongue (or first language) into a foreign language (or second, third language, etc.).*
6. *Translation of texts from a foreign language (or second, third language, etc.) into the mother tongue (or first language)* (Bergenholtz y Tarp, 2003: 175).

En consecuencia, una vez determinadas las situaciones de uso del recurso, podemos definir las funciones orientadas a la comunicación. En este sentido, e-DriMe pretende "*to assist the users solving problems related to text production in a foreign language and the translation of texts from the native language into a foreign language*" (Bergenholtz y Tarp, 2003: 176). Así pues, diseñamos e-DriMe teniendo en mente ofrecer una solución a los problemas que surgen a las empresas del sector cárnico durante la transferencia interlingüística de las fichas de embutidos del español al inglés.

Por lo que respecta a la tipología de recurso electrónico, teniendo en cuenta la taxonomía propuesta por De Schryver (2003: 147–151), e-DriMe no solo será utilizado por humanos, sino que también será integrado en un generador automático de asistencia a la redacción bilingüe, de manera que la base de datos terminológica se caracterizará por ser una herramienta híbrida que sirva tanto para uso humano como para poderse integrar en herramientas y aplicaciones basadas en lenguajes controlados y en el procesamiento del lenguaje natural (PLN). De hecho, el uso de marcos semánticos nos permitirá detectar la estructura semántica de los términos y, así, las herramientas de generación semiautomática serán capaces de distinguir un término en función del contexto y de la relación con otros marcos. Asimismo, e-DriMe también se diseña con la pretensión de que pueda integrarse en entornos de traducción (*TEnT* por sus siglas en inglés), de manera que los equivalentes propuestos puedan recuperarse automáticamente y los traductores puedan añadirlos fácilmente a las traducciones. Por último, e-DriMe podrá utilizarse para validar y fijar la terminología durante el entrenamiento de los motores de traducción automática neuronal.

Una vez perfilado brevemente el marco teórico en el que vamos a fundamentar la descripción de la terminología del género textual de las fichas descriptivas de embutidos, procedemos a describir las distintas etapas del análisis de la terminología y de la fraseología.

3.3.4.2. *El sistema de gestión terminológica*

En la era de la tecnología, constantemente surgen nuevos programas informáticos y herramientas para gestionar la terminología, hasta el punto de que escoger la herramienta adecuada no es una tarea fácil para los usuarios.

En nuestro caso, vamos a emplear uno de los gestores terminológicos más utilizados, SDL MultiTerm 2019, que se caracteriza por alcanzar el 80 % en la cuota de mercado (Steurs *et al.*, 2015: 225).

SDL MultiTerm 2019 es un sistema autónomo de gestión de la terminología desarrollado para Windows que ofrece una solución única para almacenar y gestionar la terminología multilingüe. Permite almacenar un número ilimitado de términos en un gran número de lenguas, importa y exporta glosarios desde y hacia diferentes formatos y entornos, como Microsoft Excel, XML, TBX y otros, y permite añadir manualmente una gran variedad de información: metadatos, sinónimos, contexto, definiciones, proyecto, categoría gramatical, URL, etc.

Asimismo, con SDL MultiTerm 2019 los usuarios pueden incluir ilustraciones de los términos en la base de datos, que puede ser almacenada en el ordenador o en un servidor.

Además, SDL MultiTerm 2019 está dotado de un motor de búsquedas avanzadas, que posibilita al usuario buscar no solo en la nomenclatura, sino también en los campos descriptivos, así como crear filtros para realizar búsquedas personalizadas.

3.3.4.3. *El diseño y la compilación de e-DriMe*

e-DriMe es una base de datos terminológica bilingüe en español y en inglés que incluye los términos del campo de los embutidos recogidos en el género textual de las fichas descriptivas de producto. Su diseño se basa en los datos extraídos de un corpus virtual comparable, C-GEFEM. Como hemos indicado previamente, e-DriMe está destinada a empresas del sector cárnico y tiene por finalidad asistirles en la resolución de los problemas relacionados con la transferencia interlingüística del español al inglés, así como en la producción de fichas descriptivas de embutidos en lengua inglesa por parte de hablantes de español como lengua materna. De hecho, se prevé que sea utilizado no solo por humanos, sino que se integre también en los motores de traducción automática y asista durante la redacción semiautomatizada en dos posibles contextos: durante la traducción de las fichas descriptivas de embutidos del español al inglés y durante la redacción de dichas fichas en lengua inglesa.

Por lo que respecta a la macroestructura de e-DriMe, cada término, ya sea una unidad léxica univerbal o multiverbal, constituirá una entrada. Cada entrada se completará con información conceptual, lingüística y pragmática.

En relación con la microestructura, SDL MultiTerm 2019 distingue tres niveles en cada entrada: entrada, idioma o término. En el nivel de entrada hemos recogido hasta cinco marcos para posicionar el concepto representado por el término en su sistema conceptual (FRAME1, FRAME2, FRAME3, FRAME4, FRAME5). Además, en este nivel hemos incluido los metadatos o información de gestión, tales como la fecha (DATE), con formato "dd/mm/aaaa" (Ej.: 23/02/2019), las iniciales del autor (AUTH) que completa la entrada (Ej.: TOA), las iniciales del revisor (REV) que revise dicha entrada siguiendo el mismo procedimiento que el descrito con el autor y la fecha de revisión (REV DATE), con el mismo formato que la fecha.

En lo relativo al nivel de idioma, únicamente incluimos el término en español y su equivalente en lengua inglesa.

En el tercer nivel, que se corresponde con el término, introducimos la referencia del término (TERM REF), es decir, el nombre del archivo de nuestro corpus del que hemos extraído el término, la categoría gramatical (POS) del término en cuestión acompañado del género, en el caso de los nombres en español, o del patrón de comportamiento si se trata de un verbo; las abreviaturas (ABB), la definición (DEF) o un contexto definitorio (CONT), así como un ejemplo (EX) en el que se muestre el uso del término en contexto extraído del corpus C-GEFEM. En el caso de que coexistan términos para designar a un determinado concepto, se incluirán como variantes (VAR). También incorporamos en la entrada las colocaciones (PHRAS). Además, todos los campos que acabamos de detallar irán acompañados de la referencia, es decir, de la denominación del archivo del que hemos obtenido la información.

Respecto a las unidades multiverbales (*multi-word expressions*), estas se incluirán como campo independiente en el tercer nivel (MWE) de la entrada y como término en la nomenclatura de e-DriMe, estableciéndose una referencia cruzada mediante un hipervínculo.

Por último, en las observaciones (OBS) se describirá la estructura actancial del término, es decir, los participantes esenciales para describir el significado de un término (L'Homme, 2008: 94). En este sentido, la descripción de la estructura actancial es útil para determinar el marco semántico evocado por un término.

Figura 34. La microestructura de las entradas de e-DriMe.

Entry Structure
Nivel de entrada
FRAME1
FRAME2
FRAME3
FRAME4
FRAME5
DATE
AUTHOR
REV
REV DATE
Nivel de idioma
Nivel de término
TERM REF
ABB
ABB REF
POS
DEF
DEF REF
CONT
CONT REF
EX
EX REF
VAR
VAR REF
PHRAS
MWE
OBS

No obstante, dependiendo de la relevancia de los datos en cada uno de los términos, los distintos campos enunciados podrán cumplimentarse o quedarse vacíos.

Para buscar la información que incluiremos en cada uno de los campos descritos hemos utilizado AntConc 3.5.7. (Anthony, 2018). Una vez cargado el corpus, hemos realizado las búsquedas de los términos con la opción "*Concordance*". En la casilla de búsqueda hemos introducido el término, hemos hecho clic en "*Start*" y manualmente hemos revisado el contenido.

Figura 35. Captura de pantalla de la concordancia de "chorizo" en el subcorpus en inglés de C-GEFEM con AntConc 3.5.7. (Anthony, 2018).

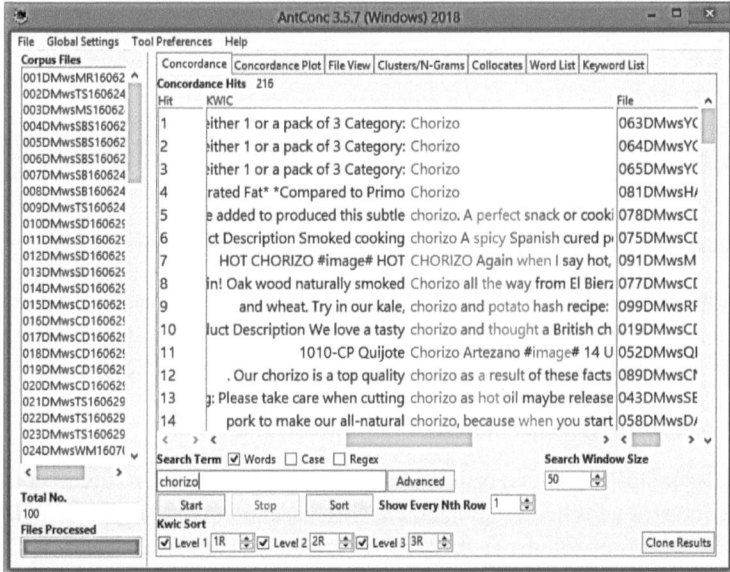

A continuación, hemos hecho clic en el término y se abre la pestaña "*File View*", donde se muestra el texto del que procede el segmento escogido.

Figura 36. Captura de pantalla de la opción "File View" de AntConc 3.5.7. (Anthony, 2018).

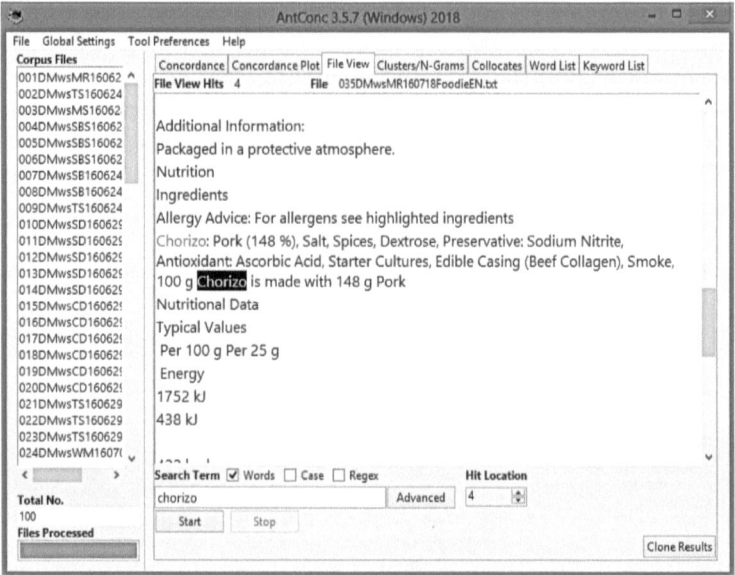

Con esta metodología de búsquedas hemos extraído la información relativa a los distintos campos que forman parte de las entradas de e-DriMe en cada una de las lenguas, primero en español y, a continuación, en lengua inglesa.

3.3.4.4. El diseño de los marcos

Para diseñar los marcos, en primer lugar, hemos obtenido de C-GEFEM entre 15 y 20 contextos y los hemos anotado en XML basándonos en la metodología desarrollada en Ruppenhofer *et al.* (2016). La anotación consiste en hacer explícitos los siguientes elementos de cada contexto: el término (por ejemplo, chorizo), los participantes, su rol semántico (agente, paciente, causa, etc.), la función sintáctica de los participantes: sujeto, modificador, etc., y el grupo sintáctico: sintagma nominal, sintagma preposicional, etc.

A continuación, hemos definido la estructura y hemos identificado los términos que pueden aludir al mismo marco porque comparten una serie de propiedades léxico semánticas: el mismo número de argumentos, argumentos de la misma naturaleza o comparten adverbios. Para asistirnos en esta fase, hemos consultado FrameNet para verificar si el término seleccionado aparece en este recurso. Siguiendo el protocolo propuesto por L'Homme (2018: 7), si un marco ya existe en FrameNet y los datos descritos se ajustan a las propiedades de los términos en el campo de la agroalimentación, este marco se define como en FrameNet adaptándolo a nuestras necesidades. Sin embargo, si existiesen muchas diferencias en la descripción, nos veríamos obligados a desarrollar nuestros propios marcos o a adaptar los ya existentes.

Además, los marcos están vinculados entre sí mediante distintos tipos de relaciones. Hemos empleado los tipos de relaciones enunciados por L'Homme (2018: 16):

- *Inheritance: Inherits; Is inherited by.*
- *Perspective: Perspective on; Is perspectivized in.*
- *Use: Uses; Is used by.*
- *Subframe: Subframe of; Has subframe.*
- *Precedence: Precedes; Is preceded by.*
- *Causation: Is inchoative of; Is causative of.*
- *See also: See also.*
- *Opposition: Is opposed to.*
- *Property: Is a property of; Has property.*

Además, en cada uno de los marcos hemos recogido la siguiente información:

1. La denominación del marco.
2. Una definición formulada para el campo de los embutidos.
3. Los participantes: obligatorios y opcionales.
4. El listado de términos que evocan dicho marco.

Por tanto, una vez diseñados los marcos y analizados los términos con sus equivalencias, habremos realizado un análisis exhaustivo de la terminología de las fichas de embutidos en las lenguas española e inglesa y, además, habremos reunido dicha información terminológica en e-DriMe, lo que será de utilidad en el futuro no solo para los traductores y para los redactores multilingües que necesiten dar respuesta a los obstáculos que les surgen durante el trasvase interlingüístico de este género textual en las mencionadas lenguas, sino también para integrar e-DriMe en herramientas basadas en el PLN y destinadas a la redacción semiautomática o automática de fichas descriptivas de embutidos del español al inglés utilizando lenguajes controlados para los agentes del sector socioeconómico de la agroalimentación.

4. La estructura retórica de las fichas descriptivas de embutidos en español y en inglés

4.1. Introducción

Aplicando la metodología descrita en el epígrafe 3.3.1., en este capítulo vamos a comenzar etiquetando manualmente los textos de los subcorpus en español y en inglés de C-GEFEM con la ayuda del Etiquetador de movimientos retóricos®. A continuación, procedemos a presentar, en primer lugar, los datos obtenidos del análisis del subcorpus en español para, seguidamente, describir los datos que se desprenden de analizar el subcorpus en inglés y, por último, contrastar los resultados obtenidos en ambas lenguas.

En cada uno de los subcorpus mostramos las etiquetas empleadas para anotar retóricamente el corpus con el Etiquetador de movimientos retóricos® y los resultados obtenidos de analizar dicho etiquetado, a través de los siguientes indicadores: la estructura retórica típica en cada una de las lenguas con los porcentajes de ocurrencia de cada movimiento o paso, el número de veces que aparecen los movimientos y los pasos en los textos, el porcentaje de texto perteneciente a cada uno de los movimientos y pasos, así como el número de palabras asociado dentro del corpus a dichos movimientos y pasos.

A continuación, hemos comprobado con el Visor de corpus comparables bilingües® el orden de las distintas etiquetas en cada una de las lenguas y las presentamos ordenadas para desarrollar una estructura retórica prototípica. Para mostrar la frecuencia de los distintos movimientos y pasos que componen la estructura retórica prototípica de las fichas descriptivas de embutidos hemos utilizado estrellas, de manera que cinco estrellas (*****) significará obligatoriedad (81 % – 100 %), cuatro estrellas (****) representará una alta aparición (61 % – 80 %), tres estrellas (***) simbolizará una frecuencia media (41 % – 60 %), dos estrellas (**) indicará poca frecuencia (21 % – 40 %) y una estrella (*) mostrará una escasa aparición (1 % – 20 %).

Por último, hemos contrastado los resultados obtenidos en las lenguas española e inglesa con el fin de detectar los patrones de comportamiento típicos en cada una de las lenguas. Una vez descritos los patrones de comportamiento retóricos de las fichas descriptivas de embutidos en español y en inglés hemos verificado si las traducciones de este género textual al inglés siguen los patrones retóricos típicos de la lengua inglesa. Para ello, hemos analizado el subcorpus en inglés de P-GEFEM, compuesto por traducciones del español al inglés, de manera que hemos podido comprobar si las fichas descriptivas de embutidos traducidas al inglés siguen los patrones de comportamiento típicos de la lengua inglesa o si, por el contrario, la estructura retórica es similar a la empleada en español, de manera que esta se trasvasa literalmente en lugar de adaptarla a las convenciones típicas de la lengua y de la cultura anglosajona.

4.2. La estructura retórica de las fichas descriptivas de embutidos en español

En este apartado vamos a explicar las etiquetas utilizadas para anotar retóricamente C-GEFEM en español y, a continuación, describiremos la estructura retórica prototípica de las fichas descriptivas de embutidos en español, que se compone de diversos movimientos y pasos.

4.2.1. El etiquetado de C-GEFEM en español

Para etiquetar el subcorpus en español de C-GEFEM con el Etiquetador de movimientos rétoricos[8] podíamos utilizar 37 posibles etiquetas. Sin embargo, no hemos utilizado 8 de ellas para anotar los movimientos de las fichas descriptivas de embutidos, como se muestra en la Tabla 6.

Tabla 6. *Etiquetas no utilizadas para anotar retóricamente el subcorpus en español de C-GEFEM.*

Etiquetas no utilizadas
<PackedCountry>
<ReturnAddress>
<Slogan>
<Comments>
<RecyclingInfo>
<WriteReview>
<FollowOn>
<Map>

Por tanto, en el subcorpus en español se utilizan 29 etiquetas, es decir, 29 movimientos y pasos, como se puede observar en la Tabla 7.

Tabla 7. *Etiquetas empleadas para anotar retóricamente el subcorpus en español de C-GEFEM.*

Etiquetas utilizadas en español		
<Additives>	<Download>	<PackagingInfo>
<Address>	<eMail>	<Preparation&Use>
<AllergenInfo>	<ImageDriedmeats>	<ProductCode>
<Brand>	<ImageLogo>	<ProductName>
<BrandDescription>	<ImageNutrition>	<ShareOn>
<CompanyName>	<Ingredients>	<StorageInfo>
<ConceptInfo>	<Manufacturer>	<SuitableFor>
<CountryofOrigin>	<ManufacturerAddress>	<Telephone>
<CuringPeriod>	<NutritionalValues>	<Weight>
<Description>	<Other>	

Una vez anotado el subcorpus en español de C-GEFEM con las etiquetas mostradas en las Tabla 7, que se corresponden con los distintos movimientos y pasos, procedemos a detallar la estructura retórica típica en lengua española de las fichas descriptivas de embutidos.

4.2.2. Movimientos y pasos de las fichas descriptivas de embutidos en español

Con el Etiquetador de movimientos retóricos[8] hemos obtenido los movimientos y pasos, con los datos de frecuencia, el número de veces de aparición, el porcentaje de texto perteneciente a la etiqueta y el número de palabras, que se presenta en la Tabla 8.

Tabla 8. *Movimientos y pasos utilizados en el subcorpus en español de C-GEFEM.*

Etiquetas	Mov. y pasos	Frec.	Nº	%	Pal.
<ProductName>	Denominación del producto	100 %	115	5,06 %	685
<ImageDriedmeats>	Imagen embutido	96 %	96	0,71 %	96
<Description>	Descripción	96 %	106	24,79 %	3354
<Ingredients>	Ingredientes	90 %	93	15,49 %	2095
<StorageInfo>	Conservación	85 %	90	6,36 %	860

Etiquetas	Mov. y pasos	Frec.	Nº	%	Pal.
<Weight>	Peso	84 %	87	3,23 %	437
<NutritionalValues>	Información nutricional	66 %	66	16,24 %	2197
<Manufacturer>	Fabricante	52 %	52	3,23 %	437
<ManufacturerAddress>	Dirección	51 %	51	4,02 %	544
<PackagingInfo>	Envasado	46 %	46	3,81 %	516
<Brand>	Marca	41 %	42	0,87 %	118
<BrandDescription>	Descripción de la marca	41 %	42	0,87 %	118
<Preparation&Use>	Utilización	40 %	40	5,14 %	695
<CuringPeriod>	Curado	35 %	35	3,19 %	431
<CompanyName>	Nombre de la marca	29 %	30	2,08 %	281
<ConceptInfo>	Información conceptual	29 %	32	1,42 %	192
<ProductCode>	Código de producto	21 %	21	0,27 %	37
<AllergenInfo>	Alérgenos	19 %	20	1,86 %	251
<Additives>	Aditivos	16 %	16	1,03 %	140
<CountryofOrigin>	Origen	7 %	7	0,26 %	35
<Other>	Otros	5 %	5	0,29 %	39
<Suitable for>	Recomendaciones	4 %	4	0,09 %	12
<eMail>	Correo electrónico	3 %	3	0,04 %	6
<Address>	Dirección postal	3 %	3	0,10 %	14
<Telephone>	Teléfono	3 %	3	0,04 %	6
<ImageLogo>	Imagen de la marca	2 %	2	0,09 %	12
<Download>	Descarga	2 %	2	0,24 %	33
<ImageNutrition>	Imagen de la información nutricional	1 %	1	0,01 %	1
<ShareOn>	Compartir	1 %	1	0,01 %	1

En los datos de la Tabla 8 se observa que en todas las fichas descriptivas de embutidos en español aparece la denominación del producto (100 %) y en el

96 % una imagen, la descripción del producto (96 %) y los ingredientes (90 %). Asimismo, en el 85 % de las fichas aparece información relativa a la conservación y a la utilización. En el 84 % se indica el peso del producto. Además, más de la mitad de las fichas (64 %) incluyen la información nutricional. Por otro lado, percibimos que las últimas nueve etiquetas mostradas en la Tabla 8 (<Other>, <Suitable for>, <eMail>, <Address>, <Telephone>, <ImageLogo>, <Download>, <ImageNutrition> y <ShareOn>) aparecen con una frecuencia igual o inferior al 5 %, por lo que consideramos que no deben formar parte del patrón retórico típico, aunque la baja frecuencia podría ser objeto de estudio en futuros trabajos.

Una vez conocidos los movimientos y los pasos representados por las etiquetas, así como sus frecuencias, tras comprobar con el Visor de corpus comparables bilingües⁸ el orden de las distintas etiquetas, podemos establecer los movimientos y pasos típicos de las fichas descriptivas de embutidos en español, que se detallan en la Tabla 9.

Tabla 9. *Prototipo de estructura retórica de las fichas descriptivas de embutidos en español.*

Movimientos y pasos	Etiqueta retórica
1. Denominación del producto (*****)	<ProductName>
2. Imagen embutido (*****)	<ImageDriedmeats>
3. Marca (***)	<Brand>
3.1. Nombre (***)	<CompanyName>
3.2. Descripción (***)	<BrandDescription>
4. Información conceptual (**)	<ConceptInfo>
5. Código de producto (**)	<ProductCode>
6. Descripción del producto (*****)	<Description>
7. Información del producto	
7.1. Peso (*****)	<Weight>
7.2. Ingredientes (*****)	<Ingredients>
7.2.1. Aditivos (**)	<Additives>
7.3. Alérgenos (**)	<AllergenInfo>
7.4. Información nutricional (****)	<NutritionalValues>
7.5. Curado (**)	<CuringPeriod>
7.6. Conservación (*****)	<StorageInfo>

Movimientos y pasos	Etiqueta retórica
7.7. Utilización (**)	<Preparation&Use>
8. Origen (*)	<CountryofOrigin>
9. Envasado (***)	<PackagingInfo>
10. Fabricante (***)	<Manufacturer>
10.1. Dirección (***)	<ManufacturerAddress>

Por tanto, las fichas descriptivas de embutidos en español están compuestas por diez movimientos retóricos y, además, tres de estos movimientos ("marca", "información del producto" y "fabricante") se distribuyen, a su vez, en varios pasos. Por ejemplo, "marca" se divide en "nombre", "logo" y "descripción". El movimiento "información de producto" incorpora los pasos "peso", "ingredientes", "alérgenos", "información nutricional", "conservación" y "utilización". El último de los movimientos ("fabricante") incluye un paso: "dirección". Asimismo, una vez etiquetado el texto, hemos considerado pertinente incluir un nuevo movimiento, denominado "información del producto", que aglutine los pasos previamente enumerados a pesar de que esta etiqueta no se había contemplado inicialmente. La necesidad de incorporarlo se justifica en el hecho de que todas las fichas analizadas incluyen este movimiento.

Respecto al tamaño de los movimientos retóricos, observamos que "descripción del producto" es el movimiento con un mayor número de palabras (3354). Además, los pasos "información nutricional" (2197) e "ingredientes" (2095) ocupan el segundo y tercer lugar respectivamente por lo que respecta al tamaño en número de palabras.

Una vez extraídos por frecuencia y ordenados por la posición que ocupan en el texto los movimientos y los pasos en español, procedemos a repetir el mismo proceso en lengua inglesa para detectar posibles asimetrías entre lenguas.

4.3. La estructura retórica de las fichas descriptivas de embutidos en inglés

En este apartado describimos las etiquetas retóricas que hemos empleado para anotar el subcorpus P-GEFEM en lengua inglesa y, a continuación, expondremos la estructura prototípica que se desprende del análisis de las mencionadas etiquetas. Dicha estructura se compone de varios movimientos y pasos.

4.3.1. El etiquetado de C-GEFEM en inglés

Por lo que respecta a la lengua inglesa, tras etiquetar el subcorpus en inglés de C-GEFEM con el Etiquetador de movimientos retóricos®, hemos detectado que tres de las etiquetas, que se describen en la Tabla 10, no se utilizan en lengua inglesa.

Tabla 10. Etiquetas no utilizadas para anotar retóricamente el subcorpus en inglés de C-GEFEM.

Etiquetas no utilizadas
<Telephone>
<Map>
<Download>

Por tanto, en el subcorpus en lengua inglesa se han empleado 34 etiquetas, que equivalen a 34 movimientos y pasos, como se puede observar en la Tabla 11.

Tabla 11. Etiquetas empleadas para anotar retóricamente el subcorpus en inglés de C-GEFEM.

Etiquetas utilizadas en inglés		
<Additives>	<FollowOn>	<ProductCode>
<Address>	<ImageDriedmeats>	<ProductName>
<AllergenInfo>	>ImageLogo>	<RecyclingInfo>
<Brand>	<ImageNutrition>	<ReturnAddress>
<BrandDescription>	<Ingredients>	<ShareOn>
<Comments>	<Manufacturer>	<Slogan>
<CompanyName>	<ManufacturerAddress>	<StorageInfo>
<ConceptInfo>	<NutritionalValues>	<SuitableFor>
<CountryofOrigin>	<Other>	<Weight>
<CuringPeriod>	<PackagingInfo>	<WriteReview>
<Description>	<PackedCountry>	
<eMail>	<Preparation&Use>	

Una vez anotado con etiquetas retóricas C-GEFEM en inglés, procedemos a detallar la estructura retórica típica de las fichas descriptivas de embutidos en lengua inglesa.

4.3.2. Movimientos y pasos de las fichas descriptivas de embutidos en inglés

Los resultados que se desprenden de la anotación del subcorpus en inglés de C-GEFEM con la ayuda del Etiquetador de movimientos retóricos® se ofrecen en la Tabla 12, en la que se incluyen las etiquetas, los movimientos y pasos, sus frecuencias de aparición, el número de veces que aparecen, el porcentaje de texto perteneciente a cada etiqueta, así como el número total de palabras.

Tabla 12. Movimientos y pasos utilizados en el subcorpus en inglés de C-GEFEM.

Etiquetas	Mov. y pasos	Frec.	N°	%	Pal.
<ProductName>	Product name	98 %	119	2,78 %	620
<ImageDriedmeats>	Product image	87 %	87	0,39 %	87
<Description>	Description	81 %	105	12,59 %	2805
<Ingredients>	Ingredients	78 %	81	10,77 %	2399
<Preparation&Use>	Preparation and use	60 %	76	10,94 %	2437
<StorageInfo>	Storage	59 %	73	6,19 %	1380
<NutritionalValues>	Nutritional values	59 %	81	16,42 %	3658
<ConceptInfo>	Conceptual information	53 %	56	2,72 %	605
<AllergenInfo>	Allergens	49 %	58	2,32 %	518
<Weight>	Weight	47 %	59	1,51 %	337
<PackagingInfo>	Packaging info	46 %	59	1,95 %	434
<CountryofOrigin>	Origin	46 %	53	2,12 %	473
<ManufacturerAddress>	Manufacturer Address	36 %	36	2,02 %	449
<Brand>	Brand	27 %	29	0,30 %	66
<ProductCode>	Product code	27 %	29	0,19 %	42
<BrandDescription>	Brand description	27 %	29	0,30 %	66
<WriteReview>	Review	26 %	26	0,26 %	57
<ReturnAddress>	Return to address	24 %	24	1,98 %	432
<Comments>	Comments	22 %	22	12,97 %	2890
<Other>	Other information	17 %	17	1,72 %	384

Etiquetas	Mov. y pasos	Frec.	Nº	%	Pal.
<Manufacturer>	Manufacturer	13 %	13	0,51 %	113
<RecyclingInfo>	Recycling	13 %	13	0,71 %	159
<Suitable for>	Suitable for	12 %	12	0,66 %	146
<Additives>	Additives	10 %	10	0,30 %	66
<PackedCountry>	Packed country	10 %	10	0,24 %	53
<FollowOn>	Follow on	9 %	9	0,24 %	54
<CompanyName>	Company name	8 %	8	0,09 %	19
<CuringPeriod>	Curing period	7 %	7	0,48 %	108
<Address>	Address	4 %	4	0,11 %	24
<ImageLogo>	Brand image	3 %	3	0,05 %	11
<Slogan>	Slogan	3 %	3	0,11 %	24
<eMail>	E-mail	2 %	2	0,01 %	2
<ImageNutrition>	Nutritional values image	2 %	3	0,02 %	5
<ShareOn>	Share on	1 %	1	0,04 %	8

Los datos de la Tabla 12 muestran que en todas las fichas descriptivas de embutidos en lengua inglesa se incluye la denominación del producto (98 %), una imagen (87 %), la descripción del producto (81 %), los ingredientes (78 %), la utilización (60 %), la conservación (59 %) y el valor nutricional (59 %). Además, consideramos que las últimas seis etiquetas descritas en la Tabla 12 (<Address>, <ImageLogo>, <Slogan>, <eMail>, <ImageNutrition> y <ShareOn>) tienen una frecuencia por debajo del 5 %, por lo que no podemos considerarlas típicas.

Tras comprobar con el Visor de corpus comparables bilingües[8] el orden de las etiquetas, podemos confirmar que las fichas descriptivas de embutidos en inglés están compuestas por los movimientos y pasos que se indican en la Tabla 13.

Tabla 13. Prototipo de estructura retórica de las fichas descriptivas de embutidos en inglés.

Movimientos y pasos	Etiqueta retórica
1. Product name (*****)	<ProductName>
2. Weight (***)	<Weight>
3. Product image (*****)	<ImageDriedmeats>

Movimientos y pasos	Etiqueta retórica
4. *Product code* (**)	<ProductCode>
5. *Conceptual information* (***)	<ConceptInfo>
6. *Description* (*****)	<Description>
7. *Information*	
7.1. *Brand* (**)	<Brand>
7.1.1. *Brand description* (**)	<BrandDescription>
7.2. *Storage* (***)	<StorageInfo>
7.3. *Origin* (***)	<CountryofOrigin>
7.3.1. *Packed country* (*)	<PackedCountry>
7.4. *Preparation and use* (****)	<Preparation&Use>
7.5. *Packaging info* (***)	<PackagingInfo>
7.6. *Recycling* (*)	<RecyclingInfo>
7.7. *Other information* (**)	<Other>
8. *Ingredients* (****)	<Ingredients>
8.1. *Additives* (*)	<Additives>
8.2. *Allergens* (***)	<AllergenInfo>
8.3. *Suitable for* (**)	<Suitablefor>
9. *Nutritional values* (***)	<NutritionalValues>
10. *Manufacturer* (*)	<Manufacturer>
10.1. *Manufacturer address* (**)	<ManufacturerAddress>
11. *Return to address* (**)	<ReturnAddress>
12. *Review* (**)	<WriteReview>
12.1. *Comments* (**)	<Comments>
13. *Follow on*	<FollowOn>

Los datos de la Tabla 13 muestran que las fichas descriptivas de embutidos en inglés están compuestas por 13 movimientos retóricos y cuatro de estos movimientos, a saber, *"information"* ("información"), *"ingredients"* ("ingredientes"), *"manufacturer"* ("fabricante") y *"review"* ("reseña") están integrados por varios pasos o subpasos. Por ejemplo, *"information"* ("información") se divide en *"brand"* ("marca") (este paso, a su vez, tiene un subpaso, *"brand description"* (descripción de la marca")), *"storage"* ("conservación"), *"origin"* ("origen") (este paso tiene un subpaso, *"packed country"* ("país de envasado")), *"preparation and use"* ("utilización"), *"packaging info"* ("envasado"), *"recycling"* ("reciclaje") y *"other information"* ("otra información"). Asimismo, el paso *"ingredients"* ("ingredientes") se compone de varios subpasos: *"additives"* ("aditivos"), *"allergens"* ("alérgenos") y *"suitable for"* ("apto para"). *"Manufacturer"* ("fabricante") tiene un paso, que es *"manufacturer address"* ("dirección del fabricante") y, por último, *"review"* ("reseña") tiene un paso, *"comments"* ("comentarios").

Por otro lado, una vez etiquetados los textos hemos detectado que, tal y como ocurre en español, es necesario incluir un nuevo movimiento, denominado *"information"* ("información"), que incluya diversos pasos, tal y como hemos justificado previamente, puesto que la mayoría de las fichas analizadas incluyen este movimiento.

Por lo que respecta al tamaño de los movimientos retóricos, observamos que *"nutritional values"* ("información nutricional") es el movimiento con el mayor número de palabras (3658), seguido de *"comments"* ("comentarios") con 2890 palabras, *"description"* ("descripción del producto") con 2805 palabras, *"preparation and use"* ("utilización") con 2437 e *"ingredients"* ("ingredientes") con 2399 palabras.

Una vez extraídos por frecuencia y ordenados por la posición que ocupan en el texto los movimientos y los pasos en español y en inglés, podemos proceder a contrastar los resultados y ver las diferencias entre lenguas para, por último, comprobar si los patrones típicos de comportamiento en ambas lenguas se tienen en cuenta durante el trasvase interlingüístico del español al inglés.

4.4. Comparativa de resultados

4.4.1. Comparativa de etiquetas

Por lo que respecta a la anotación del corpus con las etiquetas propuestas (37) utilizando el Etiquetador de movimientos retóricos[9], hemos detectado que se emplea un mayor número de etiquetas en lengua inglesa (34) que en lengua española (29). Además, las etiquetas no utilizadas son diferentes en cada lengua.

En relación con las etiquetas empleadas, en la Tabla 14 se muestran las etiquetas que son comunes para ambas lenguas (27).

Tabla 14. Etiquetas comunes en español y en inglés.

Etiquetas comunes		
<Additives>	<Description>	<Other>
<Address>	<eMail>	<PackagingInfo>
<AllergenInfo>	<ImageDriedmeats>	<Preparation&Use>
<Brand>	>ImageLogo>	<ProductCode>
<BrandDescription>	<ImageNutrition>	<ProductName>
<CompanyName>	<Ingredients>	<ShareOn>
<ConceptInfo>	<Manufacturer>	<StorageInfo>
<CountryofOrigin>	<ManufacturerAddress>	<SuitableFor>
<CuringPeriod>	<NutritionalValues>	<Telephone>

En consecuencia, las etiquetas comunes en ambos textos constituyen el primer indicio que deja entrever que la estructura retórica en ambas lenguas será diferente, puesto que en español hemos empleado 29 etiquetas y en inglés 34 para anotar retóricamente C-GEFEM.

4.4.2. Comparativa de los movimientos y los pasos

En este apartado comparamos los movimientos y los pasos en cada una de las lenguas, el orden de aparición en el texto, la frecuencia de aparición y el número de palabras en español y en inglés. Para detectar con mayor facilidad las diferencias hemos ordenado los movimientos y pasos alfabéticamente en español y hemos indicado su correspondencia en lengua inglesa en la Tabla 15.

Tabla 15. Comparativa de movimientos y pasos en español y en inglés.

Posición		Etiqueta	Denominación		Frecuencia		N° de palabras	
ES	EN		ES	EN	ES	EN	ES	EN
7.2.1.	8.1.	<Additives>	Aditivos	Additives	16 %	10 %	140	66
7.3.	8.2.	<AllergenInfo>	Alérgenos	Allergens	19 %	49 %	251	518
3.	7.1.	<Brand>	Marca	Brand	41 %	27 %	118	66
3.2.	7.2.	<BrandDescription>	Descripción	Brand description	41 %	27 %	118	66
	12.1.	<Comments>		Comments		22 %		2890
3.1.		<CompanyName>	Nombre		29 %	8 %	281	19
4.	5.	<ConceptInfo>	Información conceptual	Conceptual information	29 %	53 %	192	605
8.	7.3.	<CountryofOrigin>	Origen	Origin	7 %	46 %	35	473
7.5.		<CuringPeriod>	Curado		35 %	7 %	431	108
6.	6.	<Description>	Descripción del producto	Description	96 %	81 %	3354	2805
	13.	<FollowOn>		Follow on		9 %		54
2.	3.	<ImageDriedmeats>	Imagen embutido	Product image	96 %	87 %	96	87
7.2.	8.	<Ingredients>	Ingredientes	Ingredients	90 %	78 %	2095	2399
10.	10,	<Manufacturer>	Fabricante	Manufacturer	52 %	13 %	437	113
10.1.	10.1.	<ManufacturerAddress>	Dirección	Manufacturer address	51 %	36 %	544	449
7.4.	9.	<NutritionalValues>	Información nutricional	Nutritional values	66 %	59 %	2197	3658
	7.7.	<Other>		Other information	5 %	17 %	39	384
9.	7.5.	<PackagingInfo>	Envasado	Packaging info	46 %	46 %	516	434

Posición		Etiqueta	Denominación		Frecuencia		Nº de palabras	
ES	EN		ES	EN	ES	EN	ES	EN
	7.3.1.	<PackedCountry>		Packed country		10 %		53
7.7.	7.4.	<Preparation&Use>	Utilización	Preparation and use	40 %	60 %	695	2437
5.	4.	<ProductCode>	Código de producto	Product code	21 %	27 %	37	42
1.	1.	<ProductName>	Denominación del producto	Product name	100 %	98 %	685	620
	7.6.	<RecyclingInfo>		Recycling		13 %		159
	11.	<ReturningAddress>		Return to address		24 %		432
7.6.	7.2.	<StorageInfo>	Conservación	Storage	85 %	59 %	860	1380
	8.3.	<Suitable for>		Suitable for	4 %	12 %	12	146
7.1.	2.	<Weight>	Peso	Weight	84 %	47 %	437	337
	12.	<WriteReview>		Review		26 %		57

De la observación de la Tabla 15 se desprende que, aunque muchos movimientos y pasos son comunes en ambas lenguas, el orden textual varía y la frecuencia de uso también. De hecho, solamente los movimientos "denominación del producto" ("*product name*") (1.), "descripción del producto" ("*description*") (6.) y "fabricante" ("*manufacturer*") (10.), así como el paso "dirección" ("*manufacturer address*") (10.1), ocupan la misma posición textual en ambas lenguas. No obstante, se observan diferencias en lo relativo a la frecuencia de uso.

En este sentido, sirva de ejemplo "peso" ("*weight*"), que en español es un paso que suele aparecer dentro de "información del producto" (7.1.), en tanto en lengua inglesa es un movimiento que aparece tras "*product name*" ("denominación del producto"), en segundo lugar (2.). Además, por lo que respecta a la frecuencia, en español este movimiento tiene carácter obligatorio, dado que aparece en el 84 % de los textos analizados y, sin embargo, en inglés es un paso optativo, puesto que solamente se incluye en la mitad de los textos (47 %).

Un caso similar es el detectado con la etiqueta <Brand>, que constituye un movimiento en español ("marca") (3.) y un paso ("*brand*") (7.1.) en lengua inglesa, recogido dentro del movimiento "*information*" (7.). Por tanto, observamos que en ambas lenguas se emplea un orden textual diferente. Además, su utilización es más común en español (41 %) que en inglés (27 %). En consecuencia, el paso "*descripción*" ("*brand description*") también tiene un orden textual diferente en ambas lenguas, puesto que en español se incluye al principio de la ficha descriptiva de embutidos (3.2.) y en lengua inglesa al final (7.2.).

En relación con los movimientos y pasos, aparte de los casos que acabamos de describir, apreciamos que "origen" (8.) constituye un movimiento en español y su homólogo en lengua inglesa, "*origin*" (7.3.), es un paso dentro del movimiento "*brand*" (7.). Además, "aditivos" (7.2.1.) es un subpaso en español y constituye un paso en lengua inglesa ("*additives*") (8.1.). Tampoco comparten la misma categoría "ingredientes" ("*ingredients*"), que en español se corresponden con un paso (7.2.) y en inglés con un movimiento (8.). Este patrón se reproduce en el caso de "información nutricional" ("*nutritional values*"), que se corresponde con un paso en español (7.4.) y un movimiento en inglés (9.). Sin embargo, "envasado" ("*packaging info*") hace referencia a un movimiento en lengua española (9.) y a un paso en lengua inglesa (7.5.).

Continuando con la frecuencia de uso, otro caso llamativo es el relativo al paso "alérgenos" (7.3.) ("*allergens*") (8.2.), que en español solo aparece en el 16 % de los textos y en lengua inglesa su empleo es mucho más frecuente, puesto que se recoge en la mitad de los textos (49 %). Asimismo, nos gustaría centrar la atención en el caso del movimiento "información conceptual" (4.) y su equivalente en lengua inglesa, "*concept info*" (5.), puesto que suele aparecer con mayor frecuencia en inglés (53 %) que en español (29 %). Un caso similar es el relativo al movimiento "origen" (8.) en español y *"origin"* (7.3.) en lengua inglesa, dado que en español solo aparece en el 7 % de los textos y en lengua inglesa es mucho más común, puesto que se incluye en el 46 % de las fichas de nuestro corpus. Este hecho quizás pueda deberse a factores culturales, dado que en la cultura hispana se infiere que se trata de un producto elaborado en territorio nacional en tanto que en el extranjero es necesario indicar el país de procedencia al no tratarse de un producto local. Un ejemplo similar, pero a la inversa, ocurre con "curado" (7.5.), un paso detectado en español (35 %) que apenas tiene incidencia en la lengua inglesa (7 %). De nuevo, la omisión de esta característica podría deberse a razones culturales, pudiendo ser una posible causa el desconocimiento por parte de los consumidores anglófonos de que el embutido tiene un periodo de curado que interviene en la calidad del producto.

Respecto a la extensión de los movimientos y de los pasos, nos gustaría detenernos en la descripción de los casos en los que hemos detectado diferencias no solo en la frecuencia, sino también en la extensión.

En primer lugar, nos llama la atención el paso "ingredientes" (7.2.) en español y su equivalente, *"ingredients"* (8.), que es un movimiento en lengua inglesa. Las frecuencias de ambos son 90 % y 78 % respectivamente, pero comprobamos que, a pesar de que la frecuencia es menor en lengua inglesa, dicho movimiento es más extenso en inglés (2399 palabras) que en español (2095 palabras), por lo que suponemos que se ofrecen los ingredientes de forma más detallada en lengua inglesa.

Esta tendencia también se manifiesta en el paso "información nutricional" (7.4.) en español y en el movimiento *"nutritional values"* (9.) en inglés, puesto que las frecuencias son 66 % y 59 % respectivamente, pero el número de palabras vuelve a ser superior en inglés (3658) que en español (2197), probablemente porque la normativa anglosajona obliga a ofrecer un mayor número de especificaciones relativas a los valores nutricionales del producto que la normativa en español, que actualmente está modificándose.

Asimismo, este patrón también es característico del paso "conservación" (7.6.) en español y de su equivalente *"storage"* (7.2.) en lengua inglesa. Las frecuencias se corresponden con 85 % y 59 % respectivamente, y el número de palabras, de nuevo, es superior en inglés (1380) que en español (860). Esta diferencia puede deberse al hecho de que los consumidores españoles conocen cómo hay que conservar los embutidos, en tanto que los usuarios de la lengua inglesa, al no ser un producto típico de su cultura, necesitan un mayor número de instrucciones. Esta razón también puede aplicarse al caso de "utilización" (7.7.) y *"preparation and use"* (7.4.), puesto que la frecuencia se corresponde con 40 % y 60 % respectivamente y el número de palabras es ostensiblemente superior en inglés (2437) que en español (695).

Por último, observamos que la frecuencia de los movimientos y pasos que son característicos de la lengua inglesa, por ejemplo, *"packed country"* (7.3.1.) (10 %), *"recycling"* (7.6.) (13 %), *"review"* (12.) (26 %), *"comments"* (12.1.) (22 %) y *"follow on"* (13.) (9 %) tienen una frecuencia de aparición baja y, por ende, se caracterizan por la no obligatoriedad.

4.4.3. Comparativa de la estructura retórica de las fichas descriptivas de embutidos en español y en inglés

Las fichas descriptivas de embutidos en ambas lenguas comienzan con el mismo movimiento, "denominación del producto" (*"product name"*), que se caracteriza por la obligatoriedad. A continuación, en español se muestra el movimiento obligatorio "imagen embutido", que en lengua inglesa (*"product image"*) ocupa el tercer lugar (3.) porque le precede *"weight"* (2.). Sin embargo, en español "peso" (7.1.) es un paso dentro del movimiento "información del producto" (7.).

Tras la imagen en español, llega el movimiento "marca" (3.), que contiene dos pasos: "nombre" (3.1.) y "descripción" (3.2.). Sin embargo, en lengua inglesa al movimiento obligatorio *"product image"* le sucede *"product code"* (4.), que es un movimiento opcional y, a continuación, *"conceptual info"* (5.). Sin embargo, en lengua española tras "marca" (3.), se recoge el movimiento "información conceptual" (4.) seguido de "código de producto" (5.). Estos dos últimos movimientos son opcionales en español.

Ambas lenguas coinciden en presentar en sexta posición "descripción de producto" (6.) (*"description"*) (6.), un movimiento obligatorio en ambas lenguas y, a continuación, en séptimo lugar, el movimiento "información del producto" (*"information"*) (7.), que también coincide en ambas lenguas. Dicho movimiento engloba en lengua española numerosos pasos y subpasos: "peso" (7.1.), "ingredientes" (7.2.), que incluye el subpaso "aditivos" (7.2.1.), "alérgenos" (7.3.), "información nutricional" (7.4.), "curado" (7.5.), "conservación" (7.6.) y "utilización" (7.7.). De estos pasos, en español son obligatorios "peso", "ingredientes", "información nutricional" y "conservación", el resto son opcionales. Por lo que respecta a la lengua inglesa, este movimiento se compone de siete pasos: *"brand"* (7.1.), que contiene el subpaso *"brand description"* (7.1.1.), y que en español se introduce justo después de "imagen embutido" (2.). Asimismo, se incluye *"storage"* (7.2.) (que en español se sitúa como último paso de este movimiento), *"origin"* (7.3.) (un paso que no existe en español) que contiene un subpaso *"packed country"* (7.3.1.), *"preparation and use"* (7.4.), *packaging info* (7.5.), *"recycling"* (7.6.) y *"other information"* (7.7.). De todos estos pasos, solo es obligatorio *"preparation and use"* (7.4.), el resto de los pasos son opcionales.

El octavo movimiento en español es "origen" (8.), que es opcional, en tanto que en lengua inglesa es *"ingredients"* (8.), un movimiento obligatorio que engloba varios pasos: *"additives"* (8.1.), *"allergens"* (8.2.) y *"suitable for"* (8.3.). De estos pasos, únicamente es obligatorio *"ingredients"* (8.).

El noveno movimiento en lengua española se corresponde con "envasado" (9.), que en inglés es un paso dentro de *"information"* (7.), y la novena posición en inglés la ocupa el movimiento *"nutritional values"* (9.), en tanto que este movimiento en español ("información nutricional") (7.4.) se presenta como paso dentro de "información" (7.).

El siguiente movimiento se corresponde con "fabricante" (10.) y su equivalente en lengua inglesa *"manufacturer"* (10.), en ambos casos es opcional y tiene un paso: "dirección" (10.1.) (*"manufacturer address"*) (10.1.).

Además, en lengua inglesa hay otros dos movimientos que no existen en español, *"return to address"* (11.), que es opcional, así como *"review"* (12.), que contiene un paso, *"comments"* (12.1.), y ambos son también opcionales.

A la vista de estos resultados podemos afirmar que la estructura retórica de las fichas descriptivas de embutidos cambia en función de las lenguas. En consecuencia, los traductores, los redactores y los empresarios del sector de la agroalimentación deberían considerar las diferencias que acabamos de subrayar para adaptar la elaboración de las fichas descriptivas de producto a las convenciones de la lengua inglesa.

Teniendo en cuenta estas diferencias, el siguiente paso en nuestro análisis es comprobar si las fichas descriptivas de embutidos cuando se trasvasan del español al inglés tienen en cuenta los patrones de comportamiento retóricos típicos de la lengua inglesa que acabamos de describir o, por el contrario, se trata de traducciones literales en las que se pasan por alto estas características.

4.4.4. Contraste de resultados en P-GEFEM

En este apartado vamos a comprobar si los patrones de comportamiento detectados tras el análisis contrastivo de la estructura retórica de las fichas descriptivas de producto en las lenguas española e inglesa se reproduce durante la traducción o si, por el contrario, la traducción se caracteriza por calcar los patrones típicos del español.

En primer lugar, hemos observado que de los 100 textos traducidos del español al inglés que componen P-GEFEM, 85 fichas descriptivas de embutido tienen la misma estructura en español que en inglés, como se puede apreciar en el fragmento de la ficha descriptiva de embutido que se presenta en la Figura 37 y en su traducción que se muestra en la Figura 38.

Figura 37. Ficha descriptiva de embutido en español[35].

Chorizo Cular Ibérico extra

Descubre nuestro **Chorizo Cular Ibérico extra**, elaborada con materias primas de la mejor calidad. Este tipo de chorizo cular es una variedad del **Chorizo Ibérico** y se elabora exclusivamente con jamones de **Cerdo Ibérico**.
Puedes encontrar el **Chorizo Cular Ibérico extra** de Incarlopsa, en los supermercados **Mercadona**, bajo la marca **La Hacienda del Ibérico**.

Ingredientes:

Carne y grasa de cerdo ibérico, sal, especias y extracto de especias, lactosa, proteína de soja, dextrosa, dextrina, proteínas de la leche, estbilizador (E-450iii), azúcar, antioxidante (E-316), conservadores (E-252, E250), y colorante (E-120). Tripa natural de cerdo. Consérvese en lugar fresco y seco.

Información Nutricional:

Valores medios aproximados por 100 g de producto

Valor Energético	1916,3 kJ/461,6 Kcal
Grasas	36,4g
de las cuales son saturadas	14,7g

Figura 38. Traducción al inglés de la ficha descriptiva de embutido[36].

Iberico Cured Chorizo Cular Sausage Extra

Discover Incarlopsa´s **Iberico Cured Chorizo Cular Sausage Extra**, made with the best raw materials. This kind of chorizo cular is a variety of **Iberian Chorizo** and It´s made using exclusively Iberian pork hams.
You can find Incarlopsa´s **Iberico Cured Chorizo Cular Sausage** Extra on the **Mercadona** Supermarkets under the brand "**La Hacienda del Ibérico**".

Ingredients

Meat and fat of Iberian pork, salt, spices and spice extract, **lactose**, **soy** protein, dextrose, dextrin, **milk** protein, stabilizer (E-450iii), sugar, antioxidant (E-316) preservatives (E-252 , E-250) and coloring (E-120). Natural casing pork

Nutritional Information

Approximate average values per 100g of product

Energetic value	1918,3 kJ/461,6 kcal
Fats	36,4g

---

35 http://www.incarlopsa.es/productos/ibericos/chorizo-cular-iberico-extra (Fecha de consulta: 10/03/2019).
36 http://www.incarlopsa.es/products/iberico-meats/iberico-cured-chorizo-cular-sausage-extra (Fecha de consulta: 10/03/2019).

En la estructura retórica de las fichas que componen P-GEFEM, hemos observado que durante en el trasvase interlingüístico del español al inglés solo se producen variaciones en el 15 % de las mencionadas fichas.

Por lo que respecta a dichas variaciones, constatamos que en muchas de estas fichas se omite información cuando se traduce del español al inglés, por ejemplo, no se incluye alguno de los siguientes elementos: las notas de cata, el corte, la curación o los ingredientes.

Para ejemplificar dicha constatación, en las siguientes figuras se muestra una ficha descriptiva de producto en español (Figura 39) y su traducción al inglés, en la que no se incluye el corte (Figura 40).

Figura 39. Ejemplo de ficha descriptiva de embutido en español[37].

Chorizo Ibérico de Bellota

En Villacastín, Segovia, cruce de caminos de pastores de tiempos inmemoriales, centro lanar de la España medieval, en plena sierra Castellana y a una altitud de 1099 metros producimos nuestro Chorizo Ibérico de Bellota.

Elaborado sólo con las carnes más nobles de cerdos Ibéricos, alimentados exclusivamente de bellotas durante los meses de Octubre a Febrero, se adoba con ajo, pimentón, sal y hierbas del campo. A continuación se embute en tripa natural y pasarán en los secaderos naturales 4 meses desarrollando su extraordinario sabor.

En el corte del chorizo se observa claramente los trozos, cortados a cuchillo, de las carnes más jugosas.

Nota de cata
De color rojo intenso y forma irregular. En nariz es intenso y fresco, con recuerdos a pimentón y hierbas aromáticas. En boca es pleno en sabores camperos como bellota y pastos.

El Chorizo Ibérico de Bellota Olmeda Orígenes se debe servir entre 17° y 20°. Para saborear y disfrutar de las sutilezas de este Chorizo Ibérico de Bellota se debe cortar en lonchas muy finas.

Presentación
- Al ser un producto natural su peso puede variar entre

0,900 Kg. y 1,200 Kg.

---

37 https://olmedaorigenes.com/portfolio_page/chorizo-iberico/ (Fecha de consulta: 10/03/2019).

Figura 40. Ejemplo de traducción de ficha descriptiva de embutido en la que se omiten las características del corte[38].

Iberian Acorn Chorizo

Villacastín (Segovia) has been a meeting point for shepherds since ancient times. It used to be an important wool centre in medieval Spain. Here in the middle of the Castilian mountain range at an altitude of 1099 metres, we produce our Chorizo Ibérico de Bellota.

It is made from Iberian pigs, which are exclusively fed on acorns from October to February. Only the noblest pieces of meat are selected. We marinate them with garlic, paprika, salt and country herbs and put them into a natural sausage casing. Then they will remain 4 months in our drying facilities developing an extraordinary flavor.

Tasting note
Intense red color, irregular shape. Fresh, intense aroma, that reminds us of paprika and country herbs. On the palate it is full of country flavours such as acorn and pastures.

Our Chorizo Ibérico de Bellota Olmeda Origenes should be served between 17º and 20°. In order to enjoy and taste all the subtleties of this product, it should be cut in very fine slices.

Presentation
- Due to the fact this is a completely natural product, its weight varies between 1 kg and 1,3kg per piece

Al comparar ambas fichas se puede apreciar que las características del corte, que constituyen el tercer párrafo en español, no se trasladan a la lengua inglesa, produciéndose una omisión.

Por otro lado, también observamos en varias traducciones a la lengua inglesa que se especifica la conservación y la utilización, que no suele recogerse en las fichas redactadas originalmente en español. No obstante, podemos afirmar que solamente se emplea la estructura retórica típica de la lengua inglesa en una única ficha en inglés de todas las que componen P-GEFEM.

---

38 https://olmedaorigenes.com/portfolio_page/chorizo-iberico-de-bellota-eng/ (Fecha de consulta: 10/03/2019).

Por tanto, tras el contraste de los resultados con P-GEFEM podemos afirmar que al traducir las fichas descriptivas de producto del español al inglés los traductores no tienen en cuenta las convenciones retóricas típicas de la estructura de este género textual en lengua inglesa y se limitan a transvasar el contenido de una lengua a otra. Así pues, las fichas descriptivas de embutidos en lengua inglesa procedentes de empresas cárnicas españolas se caracterizan por cumplir con las convenciones de un texto traducido literalmente y, probablemente, no satisfacen las necesidades del mercado anglosajón, puesto que no se siguen los parámetros típicos de esta lengua esperados por los receptores de estos textos.

4.5. Las líneas modelo

En este epígrafe mostraremos las líneas modelo extraídas del análisis del corpus comparable C-GEFEM, que presentamos siguiendo la estructura retórica de español de movimientos y pasos.

Para mostrar las líneas modelo que hemos detectado en el analizador de concordancias del Visor de corpus comparables bilingües° utilizaremos corchetes para indicar obligatoriedad, es decir, que es necesario insertar una unidad léxica que pertenezca a la categoría gramatical o al grupo léxico que se indica, las barras laterales mostraran la necesidad de escoger entre uno de los elementos y los paréntesis marcarán la opcionalidad de los elementos, es decir, la unidad léxica o frase que se encuentre dentro de ese elemento puede o no ser añadida.

Además, se ofrecerá un ejemplo en cada línea modelo para asistir a posibles redactores y traductores que trasvasan las fichas descriptivas de embutidos del español al inglés y se mostrará la imagen de dicha línea modelo extraída de GEFEM[39].

4.5.1. Primer movimiento: "denominación de producto"

Línea modelo: [NOMBRE DE LA EMPRESA] [ORIGEN] [ADJETIVO] (NOMBRE PRODUCTO) (NÚMERO) g.

---

39 GEFEM es una aplicación semiautomática de ayuda para la redacción de fichas descriptivas de embutidos basada en el PLN y desarrollada por el grupo de investigación interuniversitario ACTRES (https://actres.unileon.es:8080/) (Fecha de consulta: 10/03/2019).

Figura 41. Línea modelo del primer movimiento: "denominación de producto".

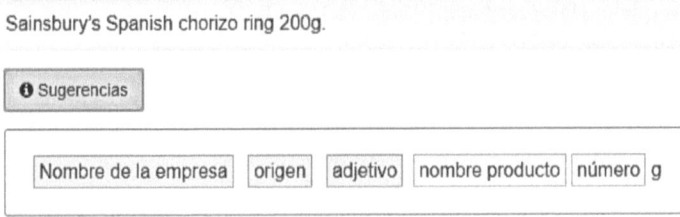

4.5.2. Segundo movimiento: "peso"

Línea modelo: {(Pack) Size / Net contents} (per pack / per unit / per portion): (NÚMERO) {g / gram}.

Figura 42. Línea modelo del segundo movimiento: "peso".

- Net contents: 200 gram.
- Pack size: 200 g.

❶ Sugerencias

| Pack size / Net contents | : | per pack / per unit / per portion | : | número | g / gram |

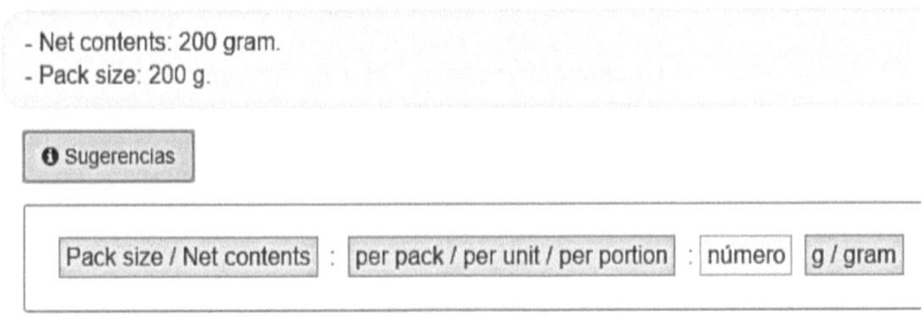

4.5.3. Tercer movimiento: "imagen embutido"

Línea modelo: (IMAGEN EMBUTIDO)

Figura 43. Línea modelo del tercer movimiento: "imagen embutido".

4.5.4. Cuarto movimiento: "código del producto"

Línea modelo: {*Product / Item*} *Code:* (NÚMERO)

Figura 44. Línea modelo del cuarto movimiento: "código del producto".

- Product code: 4453090
- Item code: 6995171
Sugerencias
Product / Item
Code:
número

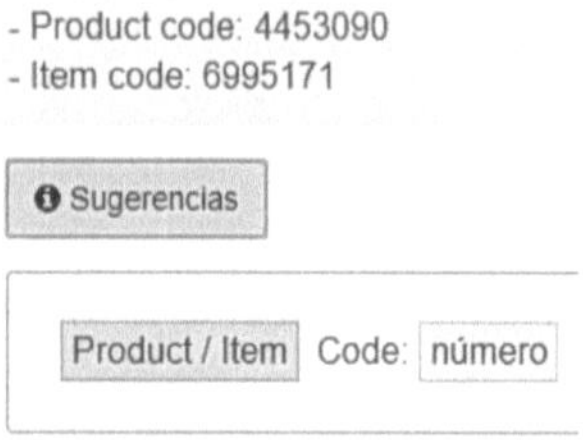

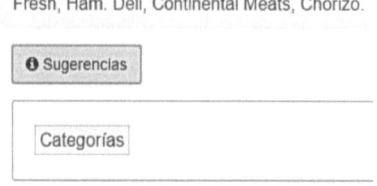

4.5.5. Quinto movimiento: "información conceptual"

Línea modelo: *Categories:* (CATEGORÍAS)

Figura 45. Línea modelo del quinto movimiento: "información conceptual".

Fresh, Ham. Deli, Continental Meats, Chorizo.
Sugerencias
Categorías

4.5.6. Sexto movimiento: "descripción del producto"

Línea modelo: [*Made in* (PAÍS O REGIÓN)] [(NÚMERO) *slices of*] [ADJETIVO] [PAÍS O REGIÓN] (NOMBRE PRODUCTO) [*for cooking*] ({*flavoured / seasoned / spiced*}) *with* (ADITIVOS)).

Figura 46. Línea modelo del sexto movimiento: "descripción del producto".

- Spanish pork chorizo for cooking, seasoned with paprika and garlic.
- Spicy cured pork sausage flavoured with smoked paprika, cayenne pepper and garlic.
- Made in the Navarra regions in north east Spain, this dry cured Spanish pork sausage, is mildly spiced & seasoned with paprika and garlic.
Sugerencias
Made in país o región
número slices of
adjetivo
país o región
nombre producto
for cooking
flavoured / seasoned / spiced
with
aditivos

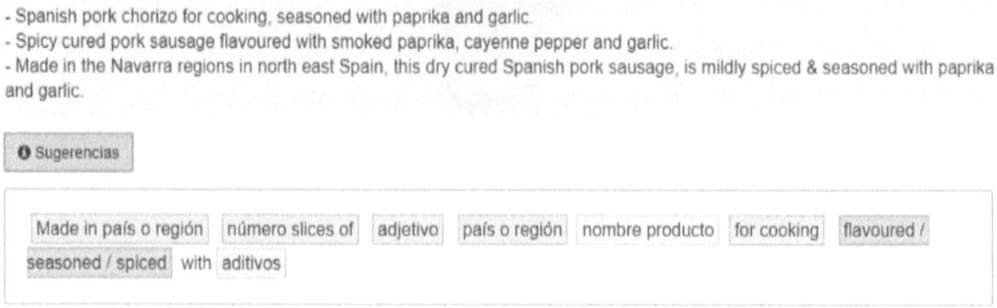

4.5.7. Séptimo movimiento: "información"

Este movimiento no tiene línea modelo propia, pero se compone de varios pasos.

4.5.7.1. Paso 7.1: "marca"

Línea modelo: (NOMBRE)

Figura 47. Línea modelo del paso 7.1.: "marca".

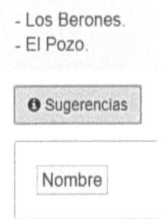

4.5.7.1.1. Subpaso 7.1.1: "descripción de la marca"

En este paso presentamos dos posibles líneas modelo:

- Línea modelo 1: *Our traditional recipes begin with the best pork available; from heritage-breed pigs raised humanely by a network of small farms.*
- Línea modelo 2: *A family company devoted to the production of authentic Spanish food in a traditional way for over (NÚMERO) years and through various generations.*

Figura 48. Línea modelo del subpaso 7.1.1.: "descripción de la marca".

4.5.7.2. Paso 7.2: "conservación"

Línea modelo: (*How to store*). {{*Keep / Store*} *in a cool dry place / Keep refrigerated*}. *Once opened* [*keep refrigerated (below* (NÚMERO) *ºC and*] {*consume / use*} *within* (NÚMERO) {*hours / days*} *and do not exceed use by date*. ({*Use by / For use by date*}: *see front of pack*.)

Figura 49. *Línea modelo del paso 7.2.: "conservación"*.

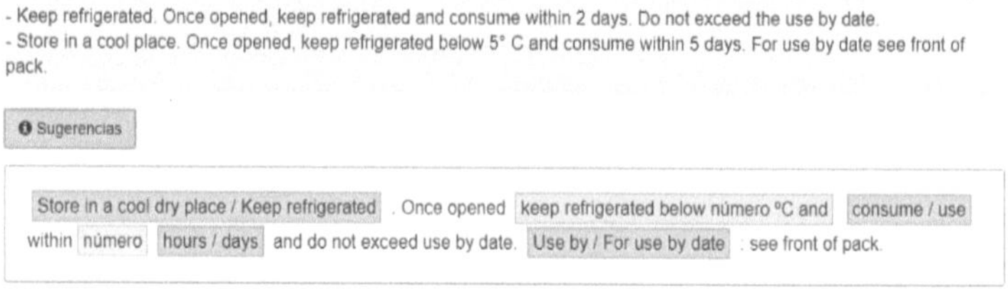

- Keep refrigerated. Once opened, keep refrigerated and consume within 2 days. Do not exceed the use by date.
- Store in a cool place. Once opened, keep refrigerated below 5° C and consume within 5 days. For use by date see front of pack.

ⓘ Sugerencias

Store in a cool dry place / Keep refrigerated . Once opened keep refrigerated below número ºC and consume / use within número hours / days and do not exceed use by date. Use by / For use by date . see front of pack.

4.5.7.3. Paso 7.3: "origen"

Línea modelo: {*Produced in / Country of origin / Product of:*} (PAÍS) (*using pork from:* (PAÍS) / *from* (ORIGEN) *pork*).

Figura 50. *Línea modelo del paso 7.3.: "origen"*.

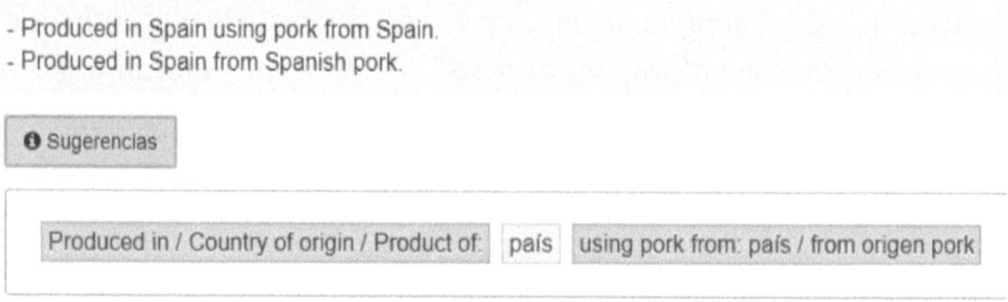

- Produced in Spain using pork from Spain.
- Produced in Spain from Spanish pork.

ⓘ Sugerencias

Produced in / Country of origin / Product of: país using pork from: país / from origen pork

4.5.7.3.1. Subpaso 7.3.1: "país de envasado"
Línea modelo: {*Packed in / Country of packaging*}: (COUNTRY).

Ejemplo: *Packed in Spain*.

4.5.7.4. Paso 7.4: "utilización"

Línea modelo: ({*Number of uses / Usage*}: (NÚMERO) (*servings*)).

{*How to serve / Preparation instructions*}: (*Ready to eat*). {*For best results, / For full flavour, / Remove from fridge and*} *open pack* (NÚMERO) *minutes before serving (to allow the flavour to develop)}. (Instructions: Remove all packaging Preheat oven. Place under a {medium / hot} {grill / heat} for* (NÚMERO) *minutes).*

Figura 51. Línea modelo del paso 7.4.: "utilización".

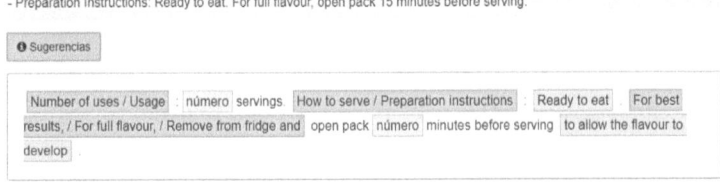

4.5.7.5. Paso 7.5: "envasado"

Línea modelo: {*Packaged in a protective atmosphere.* / {*Packaging / Package type*}: {(*Tray and) heat sealed / Vacuum packed*}. (*Packed in* (PAÍS)).

Figura 52. Línea modelo del paso 7.5.: "envasado".

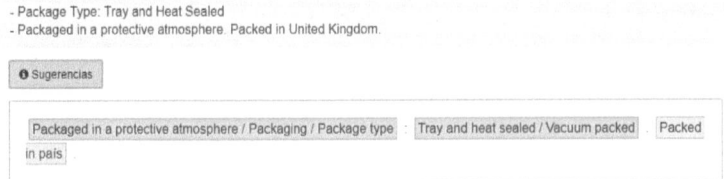

4.5.7.6. Paso 7.6: "reciclado"

Línea modelo: (MATERIAL) – {*Check local recycling / Not currently recycled / Widely recycled*}: (ENVASADO).

Figura 53. Línea modelo del paso 7.6.: "reciclado".

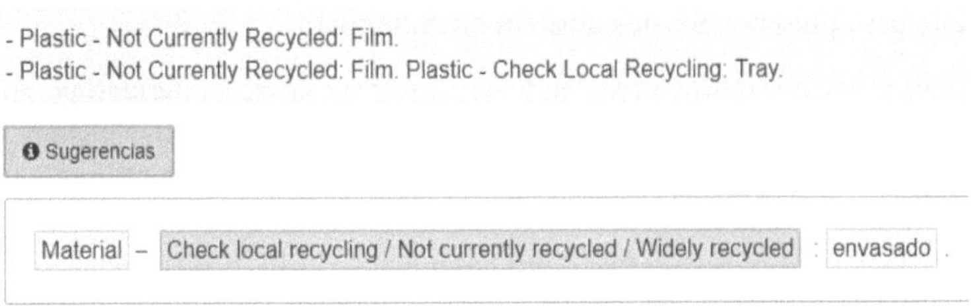

4.5.7.7. Paso 7.7: "otra información"

Línea modelo: *Price Includes Postage & Packing by Royal Mail. Choose either* (NÚMERO) *or a pack of* (NÚMERO).

Ejemplo: *Price Includes Postage & Packing by Royal Mail. Choose either 1 or a pack of 3.*

4.5.8. Octavo movimiento: "ingredientes"

Línea modelo: *Ingredients*: (INGREDIENTE) [NÚMERO %].

Figura 54. *Línea modelo del octavo movimiento: "ingredientes"*.

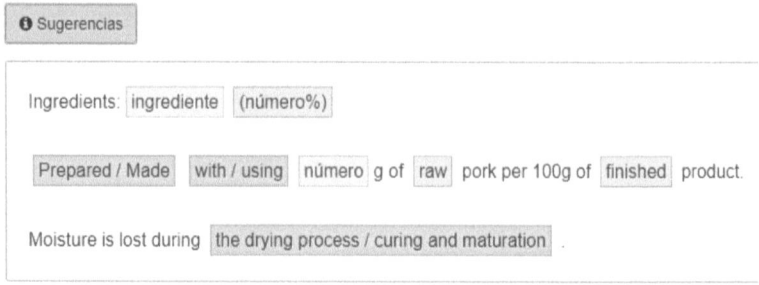

4.5.8.1. Paso 8.1: "aditivos"

Línea modelo: {*Free from*: (ADITIVOS) / *No* (ADITIVOS)}.

Ejemplo: *Free from artificial colours. / No artificial flavours.*

4.5.8.2. Paso 8.2: "alérgenos"

En este paso presentamos dos posibles líneas modelo:

- Línea modelo 1: [*Dietary information*]. {*Allergen / Allergy*} *information / Allergy advice*}. *For allergens, see* {{*highlighted / capitalised*} *ingredients / ingredients in bold*}. {{*Contains / May contain*} (ALÉRGENO) / (ALÉRGENO) *free*}.
- Línea modelo 2: [*Dietary information*]. {{*Contains / May* [*also*] *contain*} (ALÉRGENO) / (ALÉRGENO) *free / This product is* (ALÉRGENO) *free*}.

Figura 55. Línea modelo del paso 8.2.: "alérgenos".

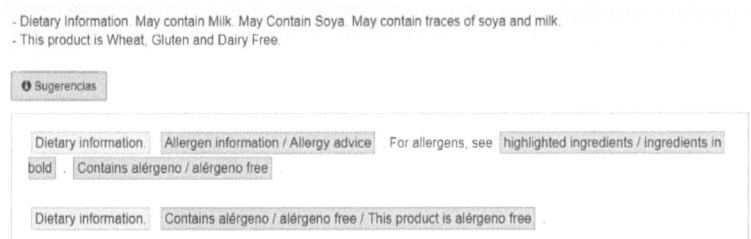

4.5.8.3. Paso 8.3: "adecuado para"

Línea modelo: *Ideal as (a party snack / tapas).*

Ejemplo: *Ideal as a party snack.*

4.5.9. Noveno movimiento: "información nutricional"

Línea modelo: *Nutritional {Data / Information / Values}.*

Typical Values [as Consumed] {per (NÚMERO) {g. / slices} / 100 g. contains / Each slice ((NÚMERO)g.) contains}: Energy (NÚMERO) kJ / (NÚMERO) kcal.

Typical values	Per 100g	Per [CANTIDAD] per {serving / slice / pack}	{% {{DV / Daily Value} / PV / PDV / RI} * }
Energy	(NÚMERO) kJ / (NÚMERO) kcal	(NÚMERO) kJ / (NÚMERO) kcal	(NÚMERO)%
(ELEMENTO NUTRICIONAL)	(NÚMERO)g	(NÚMERO)g	(NÚMERO)%
(ELEMENTO NUTRICIONAL)	(NÚMERO)g	(NÚMERO)g	(NÚMERO)%
(ELEMENTO NUTRICIONAL)	(NÚMERO)g	(NÚMERO)g	(NÚMERO)%
(ELEMENTO NUTRICIONAL)	(NÚMERO)g	(NÚMERO)g	(NÚMERO)%
(ELEMENTO NUTRICIONAL)	(NÚMERO)g	(NÚMERO)g	(NÚMERO)%

[Key: % DV = % Daily Value; % PV = % Prepared Value; % PDV = % Prepared Daily Value].
*{Percent Daily Values are based on a 2,000 calorie diet / RI = Reference Intakes of an average adult (8400kJ/2000 kcal)}. [Your daily values may be higher or lower depending on your calory needs:]

Figura 56. Línea modelo del noveno movimiento: "información nutricional".

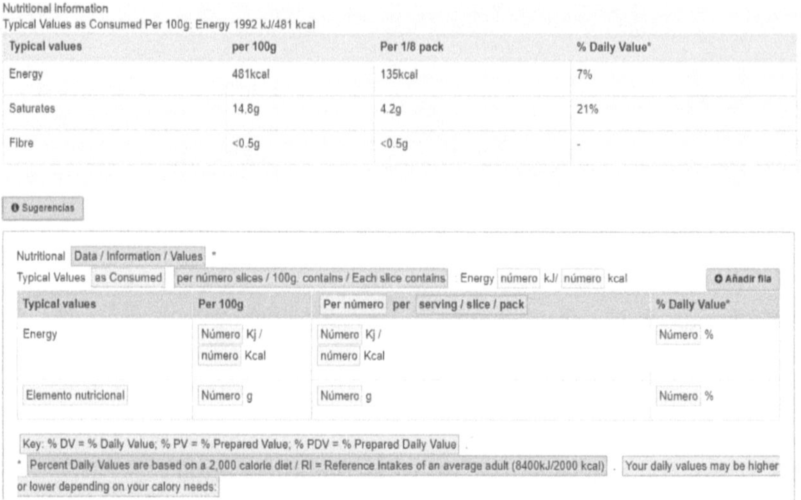

Nutritional Information			
Typical Values as Consumed Per 100g: Energy 1992 kJ/481 kcal			
Typical values	per 100g	Per 1/8 pack	% Daily Value*
Energy	481kcal	135kcal	7%
Saturates	14.8g	4.2g	21%
Fibre	<0.5g	<0.5g	-

🛈 Sugerencias

Nutritional Data / Information / Values *			
Typical Values as Consumed per número slices / 100g. contains / Each slice contains Energy número kJ/ número kcal ⊕ Añadir fila			
Typical values	Per 100g	Per número per serving / slice / pack	% Daily Value*
Energy	Número Kj / número Kcal	Número Kj / número Kcal	Número %
Elemento nutricional	Número g	Número g	Número %
Key: % DV = % Daily Value; % PV = % Prepared Value; % PDV = % Prepared Daily Value .			
* Percent Daily Values are based on a 2,000 calorie diet / RI = Reference Intakes of an average adult (8400kJ/2000 kcal) . Your daily values may be higher or lower depending on your calory needs:			

4.5.10. Décimo movimiento: "fabricante"

Línea modelo: ({*Supplier / Manufacturer by:* }) (NOMBRE DE LA EMPRESA).

Figura 57. Línea modelo del décimo movimiento: "fabricante".

4.5.10.1. Paso 10.1: "dirección del fabricante"

Línea modelo: (*Address:*) (DIRECCIÓN POSTAL).

Figura 58. Línea modelo del paso 10.1.: "dirección del fabricante".

- Address: Wm Morrison Supermarkets PLC, Gain Lane, Bradford, BD3 7DL.
- Sainsbury's Supermarkets Ltd. 33 Holborn, London EC1N 2HT.

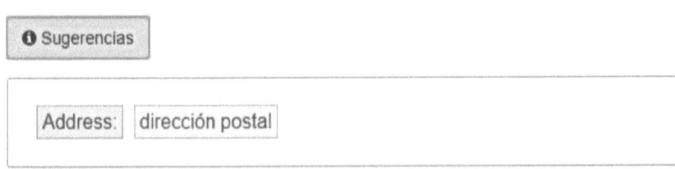

4.5.11. Undécimo movimiento: "devolución"

Línea modelo: *Return to* (DIRECCIÓN POSTAL).

Figura 59. Línea modelo del undécimo movimiento: "devolución".

- Return To Asda Stores Limited Leeds LS11 5AD.

4.5.12. Duodécimo movimiento: "valoración"

Línea modelo: *Be the first to review this product.*

Figura 60. Línea modelo del duodécimo movimiento: "valoración".

- Be the first to review this product.

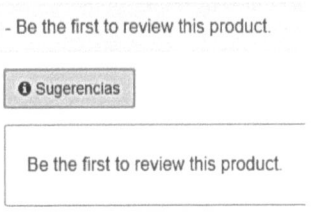

131

4.5.12.1. Paso 12.1: "comentarios"

En este paso presentamos dos posibles líneas modelo:

- Línea modelo 1: *While every {care/effort} {is made / has been taken} to ensure (that) {the product information and ingredients are / product information is} correct, food products are constantly being formulated, so ingredients, nutrition content, dietary and allergens may change. {As a result, we recommend that you always read the label carefully before using or consuming any products / Please check the packaging prior to use for confirmation / You should always read the (product) label (before consuming or using the product) and {not / never} rely solely on the information {presented here / provided on the website}. {If you have any queries / If you require specific advice}(on any brand products), please contact* (NOMBRE DE LA EMPRESA) *Customers {Services /Careline} (or the product manufacturer if not a* (NOMBRE DE LA EMPRESA) *brand product). Although product information is regularly updated,* (NOMBRE DE LA EMPRESA) *is unable to accept liability for any incorrect information. This does not affect our statutory rights. This information is supplied for personal use only. It must not be produced in any way (whatsoever) without the prior consent of* (COMPANY NAME) *{and / nor without} due acknowledgement.*
- Línea modelo 2: *The above details have been prepared to help you select suitable products. Products and their ingredients are liable to change. You should always read the label before consuming or using the product and never rely solely on the information presented here. If you require specific advice on any* (NOMBRE DE LA EMPRESA)*'s branded product, please contact our Customer {Services / Careline} on* (NÚMERO DE TELÉFONO). *For all other products, please contact the manufacturer. This information is supplied for your personal use only. It may not be reproduced in any way without the prior consent of* (NOMBRE DE LA EMPRESA) *and due acknowledgement.*

Ejemplos:

While every care has been taken to ensure product information is correct, food products are constantly being reformulated, so ingredients, nutrition content, dietary and allergens may change. You should always read the product label and not rely solely on the information provided on the website. If you have any queries, or you'd like advice on any Tesco brand products, please contact Tesco Customer Services, or the product manufacturer if not a Tesco brand product. Although product information is regularly updated, Tesco is unable to accept liability for any incorrect information.

This does not affect your statutory rights. This information is supplied for personal use only, and may not be reproduced in any way without the prior consent of Tesco Stores Limited nor without due acknowledgement.

The above details have been prepared to help you select suitable products. Products and their ingredients are liable to change. You should always read the label before consuming or using the product and never rely solely on the information presented here. If you require specific advice on any Sainsbury's branded product, please contact our Customer Careline on 0800 636262. For all other products, please contact the manufacturer. This information is supplied for your personal use only. It may not be reproduced in any way without the prior consent of Sainsbury's Supermarkets Ltd and due acknowledgement.

Figura 61. Línea modelo del paso 12.1.: "comentarios".

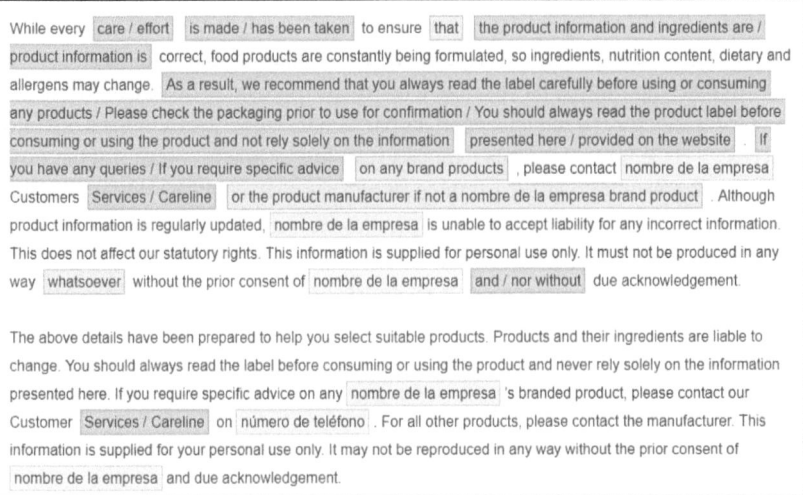

4.5.13. Decimotercer movimiento: "seguir en las redes sociales"

Línea modelo: (IMAGEN REDES SOCIALES).

Figura 62. Línea modelo del decimotercer movimiento: "seguir en las redes sociales".

4.6. Recapitulación

Con los resultados obtenidos, en primer lugar, constatamos que la gran mayoría de las empresas cárnicas españolas se limitan a traducir el contenido y la estructura de las fichas descriptivas de producto del español al inglés, de manera que no presentan un funcionamiento idóneo en el contexto comunicativo anglófono debido a que la estructura retórica de este género no es idéntica en ambas lenguas, tal y como ocurre en otros géneros en el par de lenguas español-inglés (Valero-Garcés, 1996: 279; Labrador *et al.*, 2014: 43).

Además, los datos expuestos proporcionan a los usuarios patrones retóricos que pueden ser de gran utilidad durante la redacción de fichas descriptivas de embutidos en lengua inglesa, puesto que como señala Bathia (2004: 145): "*generic competence is an important contributor to professional expertise*". Asimismo, dichos datos han servido para desarrollar un generador de fichas descriptivas de embutidos (GEFEM), que asiste a los traductores y a los redactores españoles en la elaboración de las fichas descriptivas de embutidos en lengua inglesa.

Estos datos apuntan, una vez más, a la urgente necesidad de sensibilizar y formar a los traductores y redactores en las particularidades que tienen los distintos géneros en las lenguas española e inglesa para lograr que la comunicación especializada en este ámbito que se produce en este par de lenguas sea lo más completa y precisa posible. Dado que la estructura retórica varía considerablemente entre lenguas, los traductores y los redactores que trabajan en la industria cárnica debe tener en cuenta dichas variaciones y, en consecuencia, adaptar las fichas descriptivas de embutidos a la lengua inglesa durante el trasvase interlingüístico de la información para que el texto meta se adecue a las convenciones lingüísticas y culturales de la lengua y de la cultura de llegada.

5. La terminología de los embutidos en español y en inglés y su fraseología

5.1. Introducción

A lo largo de este capítulo vamos a mostrar los resultados que se desprenden del análisis de la terminología utilizada en las fichas descriptivas de embutidos aplicando la metodología descrita en detalle en el epígrafe 3.3.3.

En primer lugar, hemos realizado la extracción automática de los candidatos a término a partir de la utilización de TermoStat Web 3.0. (Drouin, 2003). Tras su aplicación, el programa nos ha ofrecido un listado de las unidades léxicas candidatas que pueden ser consideradas como términos. Hemos procedido a revisar manualmente dichas unidades léxicas para determinar que cumplen los requisitos terminológicos mínimos. En fases posteriores, hemos comprobado el comportamiento lingüístico de dichos términos, sus equivalentes de traducción y la fraseología más frecuente. Continuamos con el preceptivo contraste de los resultados en el corpus comparable C-GEFEM para, en última instancia, concluir con la compilación de las entradas que constituyen e-DriMe.

5.2. La extracción automática y la validación de los candidatos a término

5.2.1. La extracción automática de los candidatos a término

Para utilizar TermoStat Web 3.0. (Drouin, 2003) es necesario, en primer lugar, unir todos los archivos en español en único archivo para poderlo cargar en la interfaz de la mencionada herramienta, dado que dicha interfaz solo permite seleccionar un archivo, como se puede observar en la Figura 63.

Figura 63. Interfaz de TermoStat Web 3.0. (Drouin, 2003).

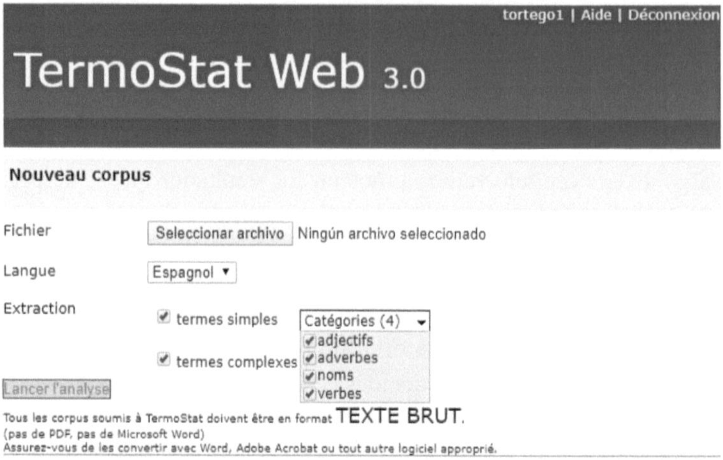

Así pues, nos hemos asegurado de que todos los archivos del subcorpus de C-GEFEM y de P-GEFEM en español están en una misma carpeta, dado que los textos compilados en ambos corpus son textos que hacen referencia a fichas de producto de embutidos redactadas originalmente en español. A continuación, hemos hecho clic en el botón izquierdo dentro de la mencionada carpeta, presionamos las teclas "Ctrl+MAY", seleccionamos "Abrir ventana de comandos aquí" y se abre el "Símbolo del sistema" en la carpeta donde se encuentran los archivos TXT. Procedemos a ejecutar el comando "for %f in (*.txt) do type "%f" >> Union_GEFEM_ES.txt". Este comando buscará todos los archivos con extensión .txt y los unirá en uno solo Denominado "Union_GEFEM.txt", que se corresponderá con el archivo que vamos a subir a TermoStat Web 3.0. El mencionado archivo tiene un total de 62841 casos o *tokens* y 3199 tipos.

En el siguiente paso hemos hecho clic en el botón "Seleccionar archivo" de TermoStat Web 3.0. (Drouin, 2003), hemos cargado el archivo denominado "Union_GEFEM_ES.txt" y nos hemos asegurado de que están activadas las casillas relativas a los términos tanto simples (*termes simples*) como complejos (*termes complexes*), es decir, los compuestos por dos o más unidades léxicas, así como las categorías recogidas dentro de *"termes simples"*, a saber, adjetivos (*adjectives*), adverbios (*adverbes*), nombres (*noms*) y verbos (*verbes*), para no excluir ninguna categoría gramatical. Pulsamos sobre en *"Lancer l'analyse"*. Automáticamente se abre una ventana con los resultados del análisis, como se puede apreciar en la Figura 64.

Figura 64. Resultados de la extracción automática de candidatos a término con TermoStat Web 3.0. (Drouin, 2003).

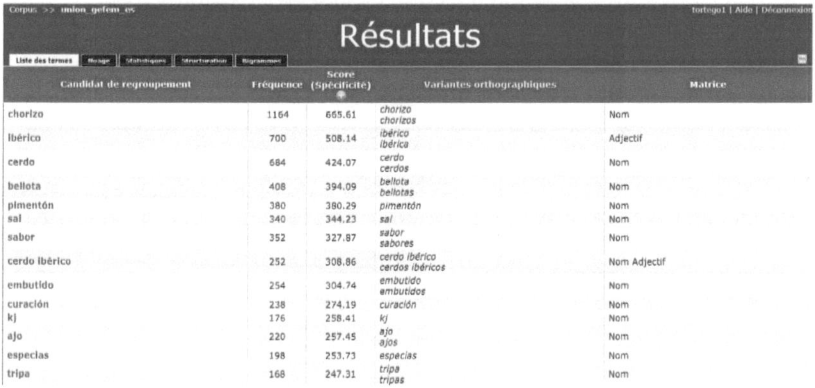

Candidat de regroupement	Fréquence	Score (Spécificité)	Variantes orthographiques	Matrice
chorizo	1164	665.61	chorizo / chorizos	Nom
ibérico	700	508.14	ibérico / ibérica	Adjectif
cerdo	684	424.07	cerdo / cerdos	Nom
bellota	408	394.09	bellota / bellotas	Nom
pimentón	380	380.29	pimentón	Nom
sal	340	344.23	sal	Nom
sabor	352	327.87	sabor / sabores	Nom
cerdo ibérico	252	308.86	cerdo ibérico / cerdos ibéricos	Nom Adjectif
embutido	254	304.74	embutido / embutidos	Nom
curación	238	274.19	curación	Nom
kj	176	258.41	kj	Nom
ajo	220	257.45	ajo / ajos	Nom
especias	198	253.73	especias	Nom
tripa	168	247.31	tripa / tripas	Nom

Observamos que TermoStat Web 3.0. (Drouin, 2003) presenta los resultados de la siguiente forma: en la primera columna aparece el candidato a término, en la segunda columna la frecuencia, en la tercera columna la puntuación según el índice de especificidad, en la cuarta columna las posibles variantes ortográficas y, en la última columna, la categoría gramatical.

Por lo que respecta a las estadísticas, TermoStat Web 3.0. (Drouin, 2003) ha detectado 2364 candidatos a término, distribuidos por categorías gramaticales según se muestra en la Tabla 16:

Tabla 16. Candidatos a término según la categoría gramatical extraídos con TermoStat Web 3.0. (Drouin, 2003).

Categoría gramatical	Nº de candidatos a término
Nombre	585
Nombre + adjetivo	454
Nombre + preposición + nombre	419
Nombre + nombre	241
Verbo	202
Adjetivos	178
Nombre + preposición + nombre + adjetivo	134
Nombre + adjetivo + adjetivo	95

Categoría gramatical	N° de candidatos a término
Nombre + adjetivo + conjunción coordinada + adjetivo	32
Adverbios	20
Nombre + adjetivo + adjetivo + adjetivo	4

La distribución porcentual de los candidatos a término por categoría gramatical extraídos con TermoStat Web 3.0. (Drouin, 2003) se muestra en el Gráfico 2:

Gráfico 2. *Distribución porcentual de los candidatos a término por categoría gramatical extraídos con TermoStat Web 3.0. (Drouin, 2003).*

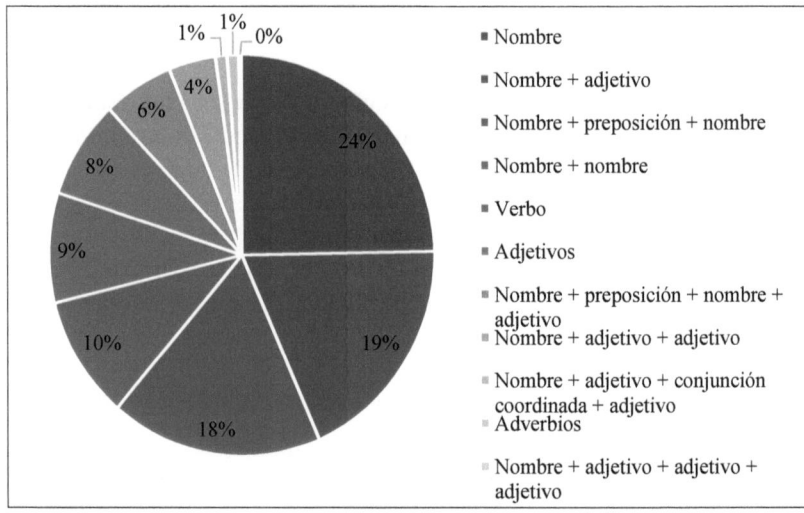

Una vez obtenido el listado de los candidatos a término, procedemos a validarlos para determinar si cumplen con los criterios para considerarse términos de este campo del saber.

5.2.2. El establecimiento de la muestra de análisis

Aplicando los criterios de L'Homme (2004: 84–86), validamos manualmente el listado de los candidatos a término y presentamos los veinte primeros términos en la Tabla 17, acompañados de su frecuencia en el corpus, la especificidad, las variantes ortográficas y la categoría gramatical. Todos estos datos son los proporcionados por TermoStat Web 3.0. (Drouin, 2003).

Tabla 17. *Muestra de análisis.*

N.º	Término	Frec.	Especif.	Variantes ortográficas	Categoría gramatical
1.	chorizo	1164	665.61	chorizo, chorizos	Nombre
2.	ibérico	700	508.14	ibérico, ibérica	Adjetivo
3.	cerdo	684	424.07	cerdo, cerdos	Nombre
4.	bellota	408	394.09	bellota, bellotas	Nombre
5.	pimentón	380	380.29	pimentón	Nombre
6.	sal	340	344.23	sal	Nombre
7.	sabor	352	327.87	sabor, sabores	Nombre
8.	cerdo ibérico	252	308.86	cerdo ibérico, cerdos ibéricos	Nombre + Adjetivo
9.	embutido	254	304.74	embutido, embutidos	Nombre
10.	curación	238	274.19	curación	Nombre
11.	kj	176	258.41	kj	Nombre
12.	ajo	220	257.45	ajo, ajos	Nombre
13.	especias	198	253.73	especias	Nombre
14.	tripa	168	247.31	tripa, tripas	Nombre
15.	chorizo ibérico	160	246.32	chorizo ibérico, chorizos ibéricos	Nombre + Adjetivo
16.	valor energético	144	231.19	valor energético	Nombre + Adjetivo
17.	hidrato de carbono	142	227.18	hidratos de carbono	Nombre + Preposición + Nombre
18.	lomo	142	217.76	lomo, lomos	Nombre
19.	picante	128	216.76	picante, picantes	Adjetivo
20.	magro	130	212.99	magro, magra	Adjetivo

Durante la validación de los candidatos a término, hemos excluido términos como "nombre del operador" o "denominación del alimento", puesto que no pueden considerarse unidades multiverbales, en tanto que otras unidades como "hidrato de carbono" sí que es un término, dado que su significado no es la suma de los elementos, como en las anteriores unidades léxicas, sino que hace referencia a un concepto diferenciado de la suma de sus componentes.

En consecuencia, los términos enumerados en la Tabla 17 constituyen la muestra de análisis en este trabajo. De estos términos comprobamos qué equivalentes se emplean en las traducciones del español a la lengua inglesa a partir del análisis de los datos de P-GEFEM, cuál es la fraseología más frecuente de dichos términos, cómo se trasvasa la fraseología del español al inglés y, finalmente, contrastamos los resultados en C-GEFEM.

5.3. Los equivalentes de traducción de la terminología de los embutidos

5.3.1. La traducción de los términos

Con ParaConc, un analizador de concordancias multilingüe que alinea los subcorpus en español y en inglés de P-GEFEM, hemos introducido los términos de la muestra de análisis y hemos buscado los equivalentes que se emplean en las traducciones a la lengua inglesa de las fichas descriptivas de embutidos. Los resultados de dicha comprobación se muestran en la Tabla 18. En dicha tabla hemos enumerado los términos que constituyen la muestra de análisis de este trabajo en español, hemos incluido el número de ocurrencias en el subcorpus en español de P-GEFEM, hemos calculado la frecuencia normalizada sobre 100, hemos descrito el equivalente en lengua inglesa, el número de veces que aparece en el subcorpus en inglés de P-GEFEM, la frecuencia normalizada de dicho equivalente sobre 100 y la técnica de traducción empleada durante el trasvase interlingüístico (Molina y Hurtado Albir, 2002: 509–511).

Conviene apuntar que hemos excluido del listado los equivalentes cuya ocurrencia es igual o inferior a dos y solo se utilizan en único texto, puesto que la traducción puede deberse a un error por parte del traductor y, en consecuencia, con una frecuencia tan baja no pueden considerarse representativos. Por ejemplo, "tripa" se traduce por "*belly*" en dos casos que pertenecen al mismo texto, "cerdo ibérico" se traduce por "*Iberico pork*" en una única ocasión y también detectamos que este mismo término se traduce por "*Iberian Spanish chorizo*" en una única ocasión, por lo que estos equivalentes no se han incorporado al listado que presentamos en la Tabla 18.

Tabla 18. Equivalentes de traducción de los términos que constituyen la muestra de análisis.

N.°	Término	Ocur.	Frec.	Equivalente	Ocur.	Frec.	Técnica de traducción
1.	chorizo	439	243,31 %	chorizo	419	254,22 %	préstamo
				sausage	125	75,84 %	generalización
2.	ibérico	283	156,85 %	Iberian	227	137,73 %	equivalente establecido
				ibérico	5	3,03 %	préstamo
				iberico	9	5,46 %	préstamo
3.	cerdo	171	94,77 %	pork	149	90,40 %	equivalente establecido
				pig	42	25,48 %	equivalente establecido
4.	bellota	167	92,56 %	acorn	102	61,89 %	equivalente establecido
				bellota	66	40,04 %	préstamo
				acorn-fed	45	27,30 %	amplificación
5.	pimentón	113	62,63 %	paprika	95	57,64 %	equivalente establecido
				pepper	27	16,38 %	generalización
				pimentón	5	3,03 %	préstamo
6.	sal	86	47,66 %	salt	83	50,36 %	equivalente establecido
7.	sabor	136	75,38 %	flavour	48	29,12 %	generalización
				taste	63	38,22 %	equivalente establecido
				flavor	29	17,59 %	generalización
8.	cerdo ibérico	79	43,78 %	Iberian pig	20	12,13 %	traducción literal
				Iberian pork	30	18,20 %	traducción literal
9.	embutido	54	29,93 %	sausage	125	75,84 %	equivalente establecido
				cold meats	19	11,53 %	generalización
				cured meats	9	5,46 %	generalización

N.°	Término	Ocur.	Frec.	Equivalente	Ocur.	Frec.	Técnica de traducción
10.	curación	65	36,03 %	curing	37	22,45 %	equivalente establecido
11.	kj	14	7,76 %	kj	16	9,71 %	equivalente establecido
12.	ajo	55	30,48 %	garlic	54	32,76 %	equivalente establecido
13.	especias	43	23,83 %	spices	44	26,70 %	equivalente establecido
14.	tripa	47	26,05 %	casing	11	6,67 %	equivalente establecido
				gut	12	7,28 %	traducción literal
				tripe	10	6,07 %	traducción literal
				intestine	7	4,25 %	traducción literal
15.	chorizo ibérico	113	62,63 %	Iberico chorizo	9	5,46 %	préstamo
				Iberian chorizo	51	30,94 %	traducción literal+préstamo
				chorizo ibérico	11	6,67 %	préstamo
				Iberian Sausage	10	6,07 %	calco
				iberian sausage	6	3,64 %	calco
				chorizo iberico	4	2,43 %	préstamo
				Spanish chorizo	28	16,99 %	generalización
16.	valor energético	14	7,76 %	energetic value	8	4,85 %	traducción literal
17.	hidratos de carbono	14	7,76 %	carbohydrates	12	7,28 %	equivalente establecido
18.	lomo	14	7,76 %	loin	13	7,89 %	equivalente establecido
19.	picante	50	27,71 %	spicy	54	32,76 %	equivalente establecido
20.	magro	29	16,07 %	lean	35	21,24 %	transposición
				mince	6	3,64 %	adaptación
				membrane	2	1,21 %	particularización

Si analizamos los datos que se exponen en la Tabla 18 se aprecia que son varios los términos que se trasvasan del español al inglés por el equivalente establecido, por ejemplo, sal (*salt*), curación (*curing*), kj (*kj*), ajo (*garlic*), especias (*spices*), hidratos de carbono (*carbohydrates*), lomo (*loin*), picante (*spicy*) o cerdo (*pork* o *pig*, según se quiera hacer referencia a la carne o al animal, respectivamente) y cerdo ibérico (*Iberian pork* o *Iberian pig*). Estos términos se utilizan para denominar conceptos que son conocidos en la cultura anglosajona, por lo que no son problemáticos a la hora de trasvasarlos a la lengua inglesa.

Sin embargo, observamos que coexisten varios equivalentes para denominar términos que están muy vinculados a la cultura hispana. Comenzamos el análisis con el término que se emplea para designar el concepto genérico de este campo, "embutido", que tiene tres equivalentes: un término resultante de utilizar la técnica del equivalente establecido, "*sausage*", con una frecuencia de 74,2 %, y otras dos alternativas derivadas del uso de la técnica de generalización. La primera opción, "*cold meats*", hace referencia al concepto de fiambre, que es un hiperónimo de embutido: "Dicho de la carne: Que, después de asada, cocida o curada, se consume fría y puede conservase durante bastante tiempo" (RAE, 2018). El segundo de los equivalentes encontrados, "*cured meats*", es el resultado de aplicar la técnica de la generalización de nuevo, dando lugar a un término que denomina a un concepto hiperónimo de embutidos, puesto que la panceta o el lomo seco, que son productos sin embuchar, es decir, sin meter en tripa, se secan y se curan, pudiéndose circunscribir dentro de esta categoría y no en la categoría de embutidos.

Por lo que respecta a los equivalentes de "chorizo", este término se traduce utilizando el mismo término que en español (*chorizo*) que actúa como préstamo y cuyo uso es mucho más frecuente (248,78 %) que el segundo equivalente detectado en P-GEFEM: "*sausage*" (74,22 %), un hiperónimo que designa a cualquier producto que está embutido en tripa.

Además, "ibérico" también se traduce utilizando varios equivalentes, tales como "*Iberian*", que es el término preferido en lengua inglesa y se corresponde con el equivalente establecido, con una frecuencia de 134,78 %, o también con el uso de "*ibérico*", cuya grafía en lengua inglesa puede incluir u omitir la tilde y se caracteriza por aplicar la técnica del préstamo, borrando la característica del gentilicio como información importante para el receptor anglosajón.

Asimismo, el término "tripa" se trasvasa utilizando cuatro posibles equivalentes: "*casing*" (6,53 %), que es el equivalente establecido y hace referencia a la membrana en la que se introduce el embutido; "*gut*" (7,13 %), que es el intestino desde el punto de vista anatómico y se corresponde con una traducción literal;

"*tripe*", que el diccionario *Merriam Webster*[40] define como "*stomach tissue especially of a ruminant (such as an ox) used as food*", por lo que es una traducción literal que no se corresponde con "tripa" en español, definida por el *DLE* (RAE, 2018) como "intestino". Para definir intestino, el *DLE* (RAE, 2018) indica que es un "Conducto membranoso, provisto de tejido muscular, que forma parte del aparato digestivo de diversos animales, se halla situado a continuación del estómago". El último de los equivalentes localizados en P-GEFEM para "tripa" es "*intestine*", que es el equivalente de intestino en español y se utiliza en contextos anatómicos. Sin embargo, no se usa para hacer referencia al material en el que se mete la carne para hacer embutido.

De forma similar, son muchos los equivalentes para "chorizo ibérico", es decir, para el chorizo que está hecho con carne de cerdo ibérico, una raza porcina típica de la Península Ibérica. De hecho, advertimos el empleo del préstamo puro, "*chorizo ibérico*" (6,53 %) y "*chorizo iberico*" (2,34 %), con una grafía que puede incluir u omitir la tilde en el adjetivo "ibérico", una tendencia similar a la detectada cuando hemos analizado este término de forma aislada. También se emplea durante el trasvase interlingüístico el préstamo puro adaptado a las normas de sintaxis de la lengua inglesa, en la que el adjetivo premodifica al sustantivo: "*Iberico chorizo*" (5,34 %). De hecho, la premodificación del sintagma nominal con adjetivos calificativos o con otros sustantivos en función atributiva es un patrón de comportamiento típico de la lengua inglesa, como es bien sabido. Asimismo, observamos que en otro de los equivalentes empleados coexisten dos técnicas de traducción: la traducción literal y el préstamo, como es el caso de "*Iberian chorizo*" (30,28 %). Además, en varios de los textos analizados que componen el subcorpus en inglés de P-GEFEM se propone el uso del calco "*Iberian sausage*", alternando el uso de mayúsculas y minúsculas en el adjetivo "*Iberian*". Aunque el uso de "*sausage*" hace referencia a cualquier producto embutido en tripa y desde una perspectiva conceptual tiene una mayor amplitud que chorizo, los traductores se aseguran de que los consumidores comprenden el contenido del producto que compran. No obstante, consideramos que el uso de "*Iberian*" en la cultura anglosajona hace referencia a los habitantes de la Península Ibérica: "*a native or inhabitant of Spain or Portugal or the Basque region*"[41] y no a la raza del cerdo, por tanto, las connotaciones de calidad y de producto excepcional que quedan recogidas con el empleo del adjetivo "ibérico" en lengua española se pierden cuando

---

40 https://www.merriam-webster.com/dictionary/tripe (Fecha de consulta: 15/03/2019).
41 https://www.merriam-webster.com/dictionary/Iberian (Fecha de consulta: 15 de marzo de 2019).

se trasvasa por *"Iberian"*, hasta el punto de que son muchos los consumidores que desconocen el significado de este término. En consecuencia, son varios los textos en los que se procede a trasvasar *"ibérico"* empleando la técnica de la generalización con la utilización de *"Spanish"* para asegurarse de que el significado y las posibles connotaciones de calidad y excelencia que este término tiene en la cultura gastronómica española se trasladan a los receptores finales, es decir, a los consumidores extranjeros.

Por lo que respecta al alimento que reciben los cerdos ibéricos, observamos que se emplean tres equivalentes al trasvasar "bellota" a la lengua inglesa: *"acorn"* (60,56 %), que se corresponde con el equivalente establecido, *"bellota"* (39,19 %), que es un préstamo y los consumidores anglosajones no comprenden su significado, o *"acorn-fed"* (26,72 %), en el que se produce una amplificación y se añaden detalles para mejorar la comprensión del destinatario de la traducción.

Otro producto típico de la gastronomía española es el pimentón, un condimento en polvo de color rojizo obtenido a partir del secado y molido de determinadas variedades de pimientos rojos. Se traduce utilizando tres posibles técnicas: el préstamo, con el uso de *"pimentón"* (2,97 %) también en lengua inglesa; el equivalente establecido, *"paprika"* (56,14 %), si bien conviene precisar que este término hace referencia a una variedad de pimientos rojos diferentes a los empleados en España; y la generalización mediante el uso de *"pepper"* (16,03 %), que es un término mucho más amplio y puede hacer referencia a los pimientos, a la pimienta o al pimentón.

Para trasvasar "sabor" se emplean dos equivalentes de traducción, por un lado, el equivalente establecido, *"taste"* (37,41 %), y, por otro lado, utilizando la técnica de generalización, *"flavour"* (28,50 %) o *"flavor"* (17,22 %), según se emplee la grafía británica o americana, respectivamente.

En relación con "magro", la carne que se utiliza para elaborar ciertos tipos de embutidos como el chorizo o el salchichón, que se caracteriza por no tener ni nervios ni grasa, observamos que se usan tres equivalentes distintos para trasvasar este término del español al inglés: *"lean"* (20,78 %), que es una transposición al modificar en lengua inglesa la categoría gramatical utilizando un adjetivo, en tanto que en español "magro" es un nombre, *"mince"* (3,56 %), categorizado como adaptación, es un término que hace referencia a picado, pero no incluye las características de que no contiene grasa ni nervios que sí que se recogen en el término en español, y por último, *"membrane"* (1,19 %), que el diccionario Merriam Webster define como *"a thin soft pliable sheet or layer especially of animal or plant origin*"⁴² y se corresponde con una particularización. Por tanto, en los dos últimos casos el equivalente propuesto no se corresponde con el concepto al que el término en lengua española hace referencia.

En definitiva, de los 20 términos que hemos utilizado para analizar los equivalentes, en P-GEFEM hemos hallado 44 equivalentes, que se han trasvasado del español al inglés utilizando diversas técnicas de traducción, cuya distribución se muestra en el Gráfico 3.

Gráfico 3. Distribución porcentual de las técnicas de traducción empleadas en el trasvase de los 20 términos más frecuentes.

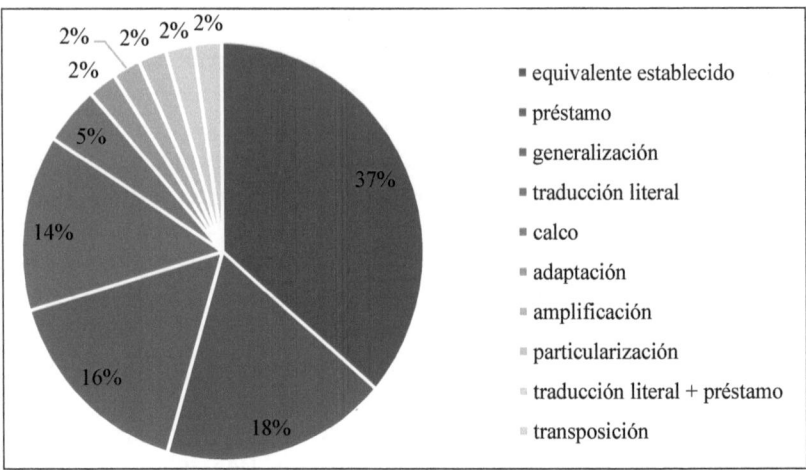

Del análisis de los datos del Gráfico 3 se desprende que la técnica que se emplea con mayor frecuencia para trasvasar los equivalentes que constituyen la muestra de análisis se corresponde con el equivalente establecido, que se utiliza en el 37 % de los casos analizados. Asimismo, el préstamo es la segunda técnica a la que se recurre (18 %), siendo la tercera de las técnicas la generalización (16 %), es decir, traducir un término por otro con significado general (Molina y Hurtado Albir, 2002: 500). En cuarto lugar, se utiliza la traducción literal (14 %) y en quinta posición, el calco (5 %). A continuación, observamos el empleo de diversas técnicas con un porcentaje de 2 % sobre el total: adaptación, amplificación, particularización, traducción literal y préstamo, y transposición.

---

42 https://www.merriam-webster.com/dictionary/membrane (Fecha de consulta: 15/03/2019).

A la vista de los datos expuestos, podemos afirmar que los traductores optan por emplear el equivalente establecido en primer lugar y, si no existe o lo desconocen, se decantan por el empleo de préstamos y el uso de generalizaciones.

No obstante, consideramos necesario comprobar si los patrones de comportamiento que se desprenden del análisis de los equivalentes de traducción tras contrastar los resultados del corpus paralelo P-GEFEM se reproducen en los textos redactados originalmente en lengua inglesa o si, por el contrario, estos patrones son exclusivos de la traducción.

5.3.2. La traducción de la fraseología

En primer lugar, siguiendo la metodología descrita en el apartado 3.3.3.4. hemos comprobado cuáles son las colocaciones más frecuentes en el corpus en español de P-GEFEM con AntConc 3.5.7. (Anthony, 2018), limitando estas a un tamaño que abarca entre dos y cinco palabras. La mencionada herramienta nos ofrece un listado de las posibles colocaciones que revisamos manualmente para omitir resultados del tipo "de la", "de los" o "a la", entre otros. En la Tabla 19, que presentamos a continuación, se muestran los primeros 40 resultados de las colocaciones acompañadas de la posición, que viene determinada por la frecuencia (segunda columna) y el número de textos (tercera columna).

Tabla 19. Colocaciones más frecuentes extraídas del subcorpus en español de P-GEFEM con AntConc 3.5.7. (Anthony, 2018).

Posición	Frecuencia	Nº textos	Colocación
2	113	44	chorizo ibérico
3	113	59	de cerdo
4	101	44	de bellota
6	79	46	cerdo ibérico
7	76	27	chorizo de
8	72	33	ibérico de
10	62	29	ibérico de bellota
11	55	35	de cerdo ibérico
13	43	32	del cerdo
14	41	27	elaborado con
18	39	24	proceso de
19	37	21	chorizo ibérico de

Posición	Frecuencia	Nº textos	Colocación
20	37	12	de León
23	34	27	en tripa
24	33	18	chorizo ibérico de bellota
26	33	17	ibérico bellota
27	32	24	de curación
28	31	18	carne de
29	31	15	del chorizo
35	27	18	carne de cerdo
37	25	14	chorizo ibérico bellota
39	24	19	tripa natural
40	23	6	chorizo vela
44	22	16	color rojo
45	22	13	con carne
47	21	18	al vacío
61	19	15	magro de
65	18	16	en tripa natural
68	18	14	magro de cerdo
74	17	10	bellota ibérico
84	16	7	chorizo cular
121	14	10	cerdo ibérico de bellota
131	14	14	hidratos de carbono
137	14	8	pimentón de la Vera
140	14	14	valor energético
144	13	8	chorizo extra
145	13	5	chorizo sarta
171	12	9	chorizo de bellota
159	12	10	grasa de cerdo
185	12	12	secaderos naturales

Una vez extraídas las colocaciones más frecuentes, hemos procedido a comprobar qué equivalentes se ofrecen de dichas colocaciones en el subcorpus en inglés de P-GEFEM. En el listado ofrecido en la Tabla 19 se recogen unidades léxicas compuestas por dos o más palabras que ya hemos tratado como términos, por ejemplo, "chorizo ibérico", "cerdo ibérico", "hidratos de carbono" y "valor energético", así que no nos detenemos en la descripción de estos términos. Además, presentamos los resultados según la frecuencia de aparición registrada en la Tabla 19, agrupando las colocaciones en función del núcleo del sintagma en español y, a continuación, los equivalentes en lengua inglesa extraídos del subcorpus en inglés de P-GEFEM acompañados de la frecuencia normalizada sobre 100.

5.3.2.1. Colocaciones de "chorizo"

En la Tabla 20 enumeramos las colocaciones del término "chorizo": "chorizo de", "chorizo ibérico de", "chorizo ibérico de bellota", "del chorizo", "chorizo ibérico bellota", "chorizo vela" "chorizo cular" "chorizo extra", "chorizo sarta" y "chorizo de bellota ibérico". Se exponen con el colocado (la unidad léxica con la que coloca), el equivalente en lengua inglesa y la frecuencia normalizada sobre 100.

Tabla 20. *Colocaciones de "chorizo".*

N.º	colocación	equivalente	%
1.	chorizo de (bellota ibérico)	*(acorn-fed Iberian) chorizo*	26,23
		(iberian acorn) chorizo	9,84
		(acorn-fed ibérico) chorizo	1,64
	chorizo de (León)	*(Spanish) chorizo (from León)*	22,95
		chorizo (from León)	9,84
	chorizo de (bellota)	*chorizo (de bellota)*	9,84
	chorizo de (Guijuelo ibérico de bellota)	*(Iberian de bellota Spanish) chorizo (from Guijuelo)*	4,92
	chorizo de (España)	*(Spanish) chorizo*	3,28
	chorizo de (Castilla y León)	*(Spanish) chorizo*	3,28
	chorizo de (Cataluña)	*(Spanish) chorizo*	3,28
	chorizo de (Segovia)	*chorizo (from Segovia)*	1,64
	chorizo de (cebo ibérico)	*(Iberian) chorizo*	1,64
	chorizo de (Montaña)	*"chorizo de (Montaña")*	1,64

N.º	colocación	equivalente	%
2.	chorizo ibérico de (bellota)	Iberian acorn chorizo	20,00
		chorizo ibérico de bellota	16,67
		acorn raised Iberico chorizo	13,33
		Spanish smoked chorizo	13,33
		acorn-fed Iberian sausage	10,00
		acorn-fed Iberian chorizo	3,33
		acorn Iberian sausage	3,33
		Iberian acorn-fed chorizo	3,33
		Iberian chorizo	3,33
	chorizo ibérico de (primera)	Iberian chorizo primera	3,33
	chorizo ibérico de (Guijuelo)	Guijuelo chorizo ibérico	3,33
		Iberian Guijuelo chorizo	3,33
	chorizo ibérico de (Extremadura)	Iberian cured sausage de Extremadura	3,33
3.	chorizo ibérico de bellota	Iberian acorn chorizo	23,08
		chorizo ibérico de bellota	19,23
		acorn raised Iberico chorizo	15,38
		Spanish smoked chorizo	15,38
		acorn-fed Iberian sausage	11,54
		acorn-fed Iberian chorizo	3,85
		acorn Iberian sausage	3,85
		Iberian acorn-fed chorizo	3,85
		Iberian chorizo	3,85
4.	(ingredientes) del chorizo	omisión	37,50
	(color) del chorizo	color of chorizo	12,50
	(sabor) del chorizo	of chorizo sausage	25,00
		flavour of	12,50
		omisión	12,50

N.º	colocación	equivalente	%
5.	chorizo ibérico bellota	Iberian bellota chorizo	25,00
		acorn fed Iberian chorizo	8,33
		bellota Iberian chorizo	8,33
		bellota Iberian Spanish chorizo	8,33
		bellota Iberico chorizo	8,33
		free range acorn-fed Iberian chorizo	8,33
		Iberian sausage bellota chorizo	8,33
		special chorizo iberico bellota	8,33
		acorn-fed Iberian sausage	8,33
		Iberian sausage	4,17
		Spanish acorn chorizo	4,17
6.	chorizo vela	chorizo vela	66,67
		vela chorizo	33,33
7.	chorizo cular	chorizo cular	71,43
		omisión	21,43
		thick-casing chorizo	7,14
8.	chorizo extra	extra quality chorizo	45,45
		omisión	45,45
		chorizo extra	9,09
9.	chorizo sarta	chorizo sarta	38,46
		cured chorizo sausage (string)	30,77
		U-shaped chorizo	30,77
10.	chorizo de bellota ibérico	acorn-fed Iberian chorizo	55,17
		iberian acorn chorizo	20,69
		chorizo de bellota	20,69
		acorn-fed iberico chorizo	3,45

Los datos que acabamos de presentar dejan entrever la escasa estandarización de la fraseología de este campo del saber en lengua inglesa.

La primera colocación, "chorizo de", se trasvasa utilizando principalmente dos patrones, premodificando el término "*chorizo*" con el adjetivo que indica procedencia ("*Spanish*") o postmodificando el mencionado término con "*from*" y la localidad (Ej.: "*chorizo from León*"). En esta colocación se vislumbran dos patrones de comportamiento a nivel colocacional, el uso del término "*chorizo*" en lugar de "*sausage*" y, además, la tendencia a realizar adiciones, por ejemplo, trasvasando "chorizo de León" por "*Spanish chorizo from León*". Asimismo, observamos que se tiende a generalizar con el uso de "*Spanish*" para hacer referencia a los productos procedentes de una determinada región o localidad, probablemente porque, como ya hemos señalado con "ibérico", en el mercado anglosajón los consumidores sí que conocen España pero desconocen qué es León, Castilla y León o Guijuelo. Respecto a la colocación "*de bellota ibérico*", procederemos a detallarla más adelante.

La segunda colocación, "chorizo ibérico de", en el 87 % de las ocasiones va seguido de "bellota" en español y, de nuevo, los resultados obtenidos revelan la falta de estandarización terminológica en la lengua inglesa para denominar a los productos de esta área de especialidad. En este sentido, los datos muestran la existencia de nueve términos para denominar el "chorizo ibérico de bellota", un producto elaborado con cerdo de una determinada raza, la raza ibérica, que se ha criado en libertad en las dehesas y se ha alimentado principalmente de bellotas. Observamos, por un lado, que la posición de los adjetivos varía en lengua inglesa, "*acorn-fed Iberian*" o "*Iberian acorn-fed*" y que, además, chorizo se traduce tanto por "*chorizo*" como por "*sausage*". También apreciamos que en ciertas traducciones se tiende a utilizar la técnica de la generalización mediante el empleo de "*Spanish*" en lugar de "*Iberian*" y, en otras ocasiones, se omite "de bellota" y se trasvasa a la lengua inglesa utilizando simplemente "*Iberian chorizo*". Por otro lado, es reseñable mencionar que en varios de los equivalentes propuestos se tiende a explicitar que la bellota se utiliza para alimentar al animal: "*acorn-fed*" en lugar de "*acorn*". Asimismo, en el 16,67 % de los equivalentes propuestos se utiliza el préstamo, es decir, se deja el término sin traducir en lengua inglesa. Respecto a las colocaciones que acompañan a "chorizo ibérico de", suele usarse "primera" para indicar que el producto es de calidad suprema, pero al trasvasar este concepto a la lengua inglesa se opta por no traducir dicha unidad léxica: "*Iberian chorizo primera*", a pesar de que es muy probable que no sea comprensible para los consumidores anglosajones. Por último, la colocación objeto de análisis puede ir seguida de la procedencia, que tiende a mostrarse mediante dos técnicas: la premodificación para indicar el origen (*"Spanish chorizo"*) o la postmodificación con el uso de un préstamo puro que, probablemente, no sea comprensible para los usuarios de la lengua inglesa (*"chorizo from Guijuelo"*).

Respecto a la tercera colocación, "chorizo ibérico de bellota", ya la hemos descrito previamente, por lo que procedemos a comentar los resultados de la colocación que ocupa el cuarto puesto, "chorizo ibérico bellota", sin utilizar preposiciones. Una vez más observamos que en español no existe univocidad para denominar a los conceptos de este campo del saber, puesto que coexisten infinidad de términos para hacer referencia a un único concepto. Así pues, el resultado del trasvase del español al inglés de la colocación objeto de estudio da lugar a un amplio abanico de traducciones, hasta once en total, en las que coexisten los términos "chorizo" y "bellota" que se modifican con el uso de *"Iberian"* o *"ibérico"* y de *"acorn"*, *"acorn-fed"* o incluso de *"bellota"* como préstamo. A destacar que en ciertas ocasiones se utiliza *"Iberian"* acompañado de *"Spanish"* (8,33 %): *"bellota Iberian Spanish chorizo"*, en otros casos se añade que el animal ha sido criado en libertad: *"Free range acorn-fed Iberian chorizo"*, e incluso, se producen omisiones, como *"Iberian sausage"*, o generalizaciones: *"Spanish acorn chorizo"*. Ante la pluralidad de denominaciones que se emplean en lengua inglesa, habrá que comprobar qué equivalentes se emplean en el subcorpus en inglés de C-GEFEM, puesto que los traductores cuando trasvasan la fraseología del chorizo no son sistemáticos.

Respecto al sintagma preposicional "del chorizo", lo más frecuente es que vaya acompañado de ingredientes y se tiende a omitir el término "chorizo" cuando se trasvasa del español al inglés en el 37,50 % de los casos. Otras posibilidades se corresponden con "color del chorizo" y "sabor del chorizo", que se traducen literalmente (*"color of chorizo"*) u omitiendo la mención al color (*"of chorizo sausage"*).

Las siguientes colocaciones hacen referencia a la forma del chorizo, que viene dada por el tipo de tripa en el que se embute. Por ejemplo, "chorizo vela" designa a un chorizo recto y no muy ancho (entre 30 y 40 milímetros de anchura) cuya forma se asemeja a un cirio, de ahí su denominación. Cuando se trasvasa a lengua inglesa, coexisten dos denominaciones, ambas utilizando la técnica del préstamo, *"chorizo vela"* (66,67 %) y *"vela chorizo"* (33,33 %). Consideramos que este préstamo es muy probable que no sea comprensible para los consumidores en lengua inglesa.

Por lo que respecta al "chorizo cular", que es un tipo de chorizo más ancho (más de 38 milímetros) con forma irregular puesto que la carne se adapta a la morfología de la tripa en la que se embute, se trasvasa a la lengua inglesa utilizando, de nuevo, la técnica del préstamo en el 71,43 % de los casos analizados, en el 21,43 % se omite la característica de "cular" y en el 7,14 % restante se usa la técnica de la amplificación con el equivalente "*thick-casing chorizo*". Asimismo, "chorizo sarta" hace referencia a un chorizo que se cura atado, de ahí que adquiera forma de herradura. Se tiende a traducir al inglés utilizando un préstamo, "*chorizo sarta*" (38,46 %) o la técnica de amplificación, con los términos "*cured chorizo sausage (string)*" (30,77 %) y "*U-shaped chorizo*" (30,77 %).

La última colocación de "chorizo" se corresponde con "chorizo de bellota ibérico". Como ya hemos señalado en los casos de "chorizo ibérico de bellota" y "chorizo ibérico bellota", detectamos la escasa sistematicidad que existe tanto en español como en inglés para denominar este concepto, dado que en español coexisten tres términos que dan lugar a múltiples posibilidades en lengua inglesa, tales como el préstamo "*chorizo de bellota*", en el que se omite el adjetivo "ibérico", la premodificación, utilizando "*Iberian*" con mayúscula o minúscula ("*iberian*"), el préstamo "*ibérico*", el equivalente establecido "*acorn*" o la amplificación "*acorn fed*" y el cambio del orden de los premodificadores, lo que da como resultado cuatro términos diferentes, siendo el más común "*acorn-fed Iberian chorizo*" (55,17 %).

Con los resultados obtenidos del trasvase de la fraseología relativa al chorizo del español al inglés, ante la variedad de colocaciones encontradas y la escasa estandarización existente, consideramos necesario contrastar estos resultados en el subcorpus C-GEFEM en lengua inglesa para comprobar si existe esta variedad de denominaciones cuando se redactan los textos originalmente en la mencionada lengua.

5.3.2.2. Colocaciones de "cerdo"

Por lo que respecta a las colocaciones de "cerdo", la primera de ellas se corresponde con "de cerdo", que en español va precedido de "carne" y de "magro". Como se aprecia en los equivalentes, existen multitud de opciones para trasvasar tanto "carne de cerdo" como "magro de cerdo", aunque los traductores suelen decantarse por utilizar "*pork*" como premodificador en el primer caso ("*pork meat*") y como núcleo de un sintagma nominal en "magro de cerdo", que se trasvasa por "*lean pork*". La última colocación, "grasa", tiene multitud de equivalentes en lengua inglesa, siendo los más frecuentes "*fat of pork*" y "*pork fat*", aunque también se emplea "*fatty pork*", "*mixture of meats*" (generalización) o incluso una paráfrasis, como se puede observar en los resultados que se presentan en la Tabla 21.

Tabla 21. Colocaciones de "cerdo".

N.º	colocación	equivalente	%
1.	(carne) de cerdo	pork meat	66,67
		chopped pork meat	19,05
		pigs	4,76
		noble parts of the animal	4,76
		Iberian pork	4,76
	(magro) de cerdo	lean pork	80,00
		pork mince	10,00
		pork membrane	10,00
	(grasa) de cerdo	fat of pork	37,50
		pork fat	31,25
		fatty pork	18,75
		mixture of meats	6,25
		mixture of excellent meats coming from the best parts of our Iberian pigs	6,25
2.	de cerdo ibérico (de bellota)	Iberian acorn-fed pork	66,67
		Iberian pig fed with acorn	13,33
		Iberian acorn pig	13,33
		Iberian pork bellota	6,67
3.	(magros) del cerdo	leanest pig meat	22,86
		omisión	2,86
	(carnes) del cerdo (ibérico)	meat of the Iberian pig	11,43
	(músculo) del cerdo	muscles of the free-range pig	11,43
	(tocino) del cerdo	pork fat	5,71
	(jamón) del cerdo	pork's ham	5,71
	(procedentes) del cerdo (ibérico)	from Iberian swine	5,71
		from Iberian acorn pig	5,71
	(carnes nobles) del cerdo	noble meats of pork	2,86
	(piezas nobles) del cerdo	noble pork pieces	2,86
	(a partir) del cerdo (ibérico)	from Iberian pigs	2,86

N.º	colocación	equivalente	%
	(productos) del cerdo	*exclusive products*	2,86
		the Iberian category of Spanish cuisine	2,86
	(piezas) del cerdo	*parts of the Iberian pig*	2,86
	(matanza) del cerdo	–	2,86
		slaughter of the pig	2,86
	(proteínas) del cerdo	*pork protein*	2,86
	(tripas) del cerdo	–	2,86

La segunda colocación de "cerdo" se corresponde con "de cerdo ibérico", que siempre va acompañada de "de bellota". Tal y como hemos explicado con el término "chorizo", coexisten dos denominaciones para "cerdo": "*pork*" y "*pig*". Asimismo, observamos que "ibérico" se trasvasa generalmente por "*Iberian*", pero no existe sistematicidad a la hora de traducir "bellota", puesto que volvemos a detectar un patrón similar al descrito en "chorizo", dado que se emplea "*bellota*" como préstamo, el equivalente establecido ("*acorn*"), la amplificación ("*acorn-fed*") o la paráfrasis ("*fed with acorn*").

Por último, observamos que "del cerdo" no tiene un patrón de colocación claramente establecido, puesto que coexisten múltiples colocaciones. Las más frecuentes se corresponden con "magros del cerdo", que se traduce por "*leanest pig meat*" o se omite (reducción), así como "carnes del cerdo", cuyo equivalente más frecuente es "*meat of the Iberian pig*".

5.3.2.3. Colocaciones de "bellota"

El término "bellota" para referirse a la alimentación del animal es muy frecuente, como hemos visto en los casos de "chorizo" y de "cerdo". De hecho, presentamos en la Tabla 22, en primer lugar, los resultados derivados de la extracción de los datos relativos a la colocación "de bellota", que incluye también "ibérico de bellota".

Tabla 22. Colocaciones de "bellota".

N.º	colocación	equivalente	%
1.	(carne y grasa de cerdo ibérico) de bellota	meat and fat of Iberian pork	1,85
	(carnes de cerdo ibérico) de bellota	Iberian acorn fed pork meats	7,41
	(cerdo ibérico) de bellota	Iberian acorn-fed pork	18,52
		Iberian pig fed with acorn	3,70
		Iberian acorn pig	3,70
		Iberian pork bellota	1,85
	(cerdos) de bellota	acorn-fed pigs	1,85
		free range acorn fed pigs	1,85
	(chorizo ibérico) de bellota	Iberian acorn chorizo	11,11
		chorizo ibérico de bellota	9,26
		acorn raised Iberico chorizo	7,41
		Spanish smoked chorizo	7,41
		acorn-fed Iberian sausage	5,56
		acorn-fed Iberian chorizo	1,85
		acorn Iberian sausage	1,85
		Iberian acorn-fed chorizo	1,85
		Iberian chorizo	1,85
	(chorizo) de bellota	acorn sausage	1,85
	(jamón ibérico) de bellota	acorn-fed Iberian hams	3,70
	(jamón y embutido ibérico) de bellota	acorn-fed Iberian hams and cold meats	1,85
	(lomo ibérico) de bellota	Iberian acorn-fed pork loin	1,85
	(magro ibérico) de bellota	Iberian acorn-fed lean pork	1,85
2.	ibérico de bellota	Ver Tabla 20.	

N.º	colocación	equivalente	%
3.	(chorizo) ibérico bellota	Iberian bellota chorizo	24,00
		acorn fed Iberian chorizo	8,00
		bellota Iberian chorizo	8,00
		bellota Iberian Spanish chorizo	8,00
		bellota Iberico chorizo	8,00
		Free range acorn-fed Iberian chorizo	8,00
		Iberian sausage bellota chorizo	8,00
		special chorizo iberico bellota	8,00
		acorn-fed Iberian sausage	8,00
		Iberian sausage	4,00
		Spanish acorn chorizo	4,00
	(magro) ibérico bellota	Iberian bellota lean sausage	4,00
4.	(chorizo de) bellota ibérico	Ver Tabla 20	

En los datos anteriores volvemos a constatar que "bellota", cuando coloca con un nombre, tiende a traducirse utilizando tres posibilidades: premodificando el nombre con el equivalente establecido "*acorn*", con el préstamo ("*bellota*") o mediante una amplificación, utilizando "*acorn-fed*" con o sin guión, una tendencia ya constada cuando hemos descrito el término "bellota" ("*acorn*"). Asimismo, los resultados evidencian que no existe un patrón establecido a la hora de trasvasar "ibérico de bellota", puesto que en ocasiones "*Iberian*" se coloca delante de "*acorn*" o "*acorn-fed*" y, en otras, se pospone a dicho término ("*acorn-fed Iberian*").

Además, este patrón no es exclusivo de la lengua inglesa, sino que también se manifiesta en español, puesto que detectamos "ibérico bellota", "ibérico de bellota" o incluso "de bellota ibérico".

De hecho, también se evidencia que el uso de "ibérico" no está estandarizado, dado que, tal y como hemos descrito en "chorizo ibérico de bellota", coexiste el equivalente establecido, "*Iberian*", con el préstamo "*Iberico*" e, incluso, con la generalización ("*Spanish*"). No obstante, nos gustaría dejar constancia de que "bellota" siempre se traduce durante el trasvase interlingüístico del español al inglés.

En consecuencia, nos vemos obligados a contrastar estos patrones con textos originalmente redactados en lengua inglesa y recogidos en el subcorpus en inglés de C-GEFEM.

5.3.2.4. Colocaciones de "ibérico"

Este término tiene infinidad de colocaciones, como se puede apreciar en la Tabla 23. Algunas ya las hemos descrito: " chorizo ibérico", "chorizo ibérico de", "chorizo ibérico de bellota" y "chorizo ibérico bellota" en el apartado 5.3.2.1.; "cerdo ibérico" como término compuesto por dos palabras en el epígrafe 5.3.1., así como las colocaciones de dicho término ("de cerdo ibérico" y "cerdo ibérico de bellota") el en apartado 5.3.2.2.; o "ibérico de bellota", "ibérico bellota" y "bellota ibérico" en el epígrafe relativo a "bellota" (5.3.2.3.). En todos los casos anteriores se pone de relevancia la falta de sistematicidad a la hora de trasvasar este adjetivo, puesto que coexiste el equivalente establecido (*"Iberian"*) y el préstamo (*"ibérico"*), con diferentes grafías: mayúscula, minúscula, con tilde o sin ella.

Tabla 23. Colocaciones de "ibérico".

N.º	colocación	equivalente	%
1.	(chorizo) ibérico de (bellota)	Iberian acorn chorizo	15,00
		chorizo ibérico de bellota	12,50
		acorn raised Iberico chorizo	10,00
		Spanish smoked chorizo	10,00
		acorn-fed Iberian sausage	7,50
		acorn-fed Iberian chorizo	2,50
		acorn Iberian sausage	2,50
		Iberian acorn-fed chorizo	2,50
		Iberian chorizo	2,50
	(carne y grasa de cerdo) ibérico de (bellota)	Meat and fat of Iberian pork	2,50
	(jamón y embutido) ibérico de (bellota)	acorn-fed Iberian hams and cold meats	2,50
	(jamón) ibérico de (bellota)	acorn-fed Iberian hams	5,00
	(lomo) ibérico de (bellota)	Iberian acorn-fed pork loin	2,50
	(magro) ibérico de (bellota)	Iberian acorn-fed lean pork	2,50
	(carnes de cerdo) ibérico de (bellota)	Iberian acorn fed pork meats	10,00
	(chorizo sarta) ibérico de (Incarlopsa)	Incarlopsa's Iberico cured chorizo sausage	2,50
	(chorizo) ibérico de (primera extra)	Iberian chorizo primera extra	2,50
	(chorizo) ibérico de (Extremadura)	Iberian cured sausage de Extremadura	2,50
	(chorizo) ibérico de (Guijuelo)	Spanish chorizo from Guijuelo	2,50

Los datos expuestos en la Tabla 23 ponen de manifiesto que "ibérico de" se trasvasa por "*Iberian*" en el 60 % de los casos, es decir, se utiliza el equivalente establecido, en tanto que "*ibérico*" (préstamo), ya sea con mayúscula, con redonda, con tilde y sin tilde, se emplea en el 22,5 % de las traducciones. Además, el tercero de los equivalentes, "*Spanish*", que es una generalización, se emplea en el 12,5 % de los casos analizados. Asimismo, volvemos a observar un patrón que ya hemos expuesto en la colocaciones relativas a "chorizo" y a "bellota", que hace referencia a la escasa estandarización del orden de los adjetivos que premodifican al núcleo del sintagma en lengua inglesa, puesto que a veces se antepone el equivalente de bellota ("*acorn*", "*acorn-fed*" o "*bellota*") a ibérico ("*Iberian*", "*ibérico*" o "*Spain*") y, en otras ocasiones, se produce el efecto contrario, son los equivalentes de "ibérico" los que premodifican a los equivalentes de "bellota".

De nuevo, consideramos necesario contrastar estos datos en el subcorpus en inglés del corpus comparable C-GEFEM.

5.3.2.5. Colocaciones de "elaborado"

Por lo que respecta a la colocación de "elaborado con" siempre va seguido de "carne", como se puede comprobar en la Tabla 24.

Tabla 24. Colocaciones de "elaborado con".

N.º	colocación	equivalente	%
1.	elaborado con (carne)	made with meat	73,68
		is made from pigs	15,79
		elaborated using (100 % pork) meat	5,26
		is made of pigs	5,26

Una vez más detectamos que, aunque existe un equivalente establecido que se emplea en el 94,74 % de las ocasiones para trasvasar "elaborado con" ("*made*"), la preposición en lengua inglesa varía, siendo la más frecuente "*with*" (73,68 %), pero también constatamos el uso de "*from*" (15,79 %) y de "*of*" (5,26 %). Durante el trasvase del español al inglés también se utiliza la ténica de la traducción literal ("*elaborated*") en el 5,36 % de los casos. Por tanto, consideramos necesario contrastar qué equivalente y qué preposición emplean los redactores en lengua inglesa.

5.3.2.6. Colocaciones de "proceso"

Este término suele aparecer acompañado de la preposición "de" y tiende a colocar con unidades léxicas que hacen referencia al proceso de secado y de curado del embutido, por ejemplo, "curación" (30,77 %), "secado" (23,08 %), "ahumado" (11,54 %) o "curado" (7,69 %).

Tabla 25. Colocaciones de "proceso".

N.º	colocación	equivalente	%
1.	proceso de (ahumado)	*smoking process*	7,69
		smoked	3,85
	proceso de (cría)	*breeding process*	3,85
	proceso de (curación)	*curing process*	15,38
		process of curation	7,69
		–	3,85
		cured	3,85
	proceso de (curado)	*curing process*	3,85
		curation time	3,85
	proceso de (expansión)	–	3,85
	proceso de (maduración / desecación)	*maturing and ageing process*	3,85
		maturing and drying process	3,85
		maturing-drying process	3,85
	proceso de (marinado)	*marinated process*	3,85
	proceso de (secado y maduración)	*ground and marinated*	3,85
	proceso de (secado)	*drying process*	23,08

La observación de los datos de la Tabla 25 muestra que "proceso" se traduce utilizando el equivalente establecido ("*process*") premodificándolo con un nombre en el 69,23 % de los casos analizados. Además, comprobamos que la técnica de la transposición se utiliza en los siguientes ejemplos: "proceso de curado" ("*is cured*"), "proceso de ahumado" ("*is smoked*") o "proceso de secado y maduración" ("*are ground and marinated*").

5.3.2.7. Colocaciones de "León"

Observamos que la colocación "de León" se emplea para indicar que un producto procede de una determinada provincia española que cuenta con una reconocida trayectoria en la producción de embutidos. Además, esta procedencia destaca porque durante el curado se utiliza humo para potenciar el secado de los embutidos.

En la Tabla 26 se ofrecen las colocaciones de "León", un nombre propio que siempre va precedido en español de la preposición "de", así como los equivalentes de dicha colocación. Nos llama la atención que en el 70 % de los casos se traduce por *"from León"* pero se añade el adjetivo *"Spanish"* (generalización), puesto que en el mercado anglosajón los consumidores desconocen que León es una provincia de España. Sin embargo, en el 30 % de las traducciones simplemente se usa el equivalente establecido (*"from León"*), así que es muy probable que los consumidores extranjeros no comprendan la procedencia del producto ni las connotaciones que se expresan a través de dicha procedencia.

Tabla 26. Colocaciones de "León".

N.º	colocación	equivalente	%
1.	de León	*Spanish chorizo from León*	70,00
		chorizo from León	30,00

5.3.2.8. Colocaciones de "tripa"

En el campo de los embutidos, la tripa es el material en el que se embute la carne para elaborar, como su propia denominación indica, los embutidos. Detectamos varias colocaciones con esta unidad léxica: "en tripa" y "tripa natural". Esta última colocación siempre va precedida de la preposición "en" y, por tanto, da lugar a "en tripa natural", como se puede apreciar en la Tabla 27.

Los datos expuestos en la Tabla 27 ponen de manifiesto que no existe sistematización al trasvasar "embutido en tripa natural" o "embuchado en tripa natural" del español al inglés, puesto que detectamos que *"stuffed"*, que se emplea en 63,16 % de los casos analizados, se utiliza tanto con la preposición *"into"* como con la preposición *"in"*, sin detectar un patrón que de uso recurrente. Además, "tripa" se trasvasa empleando multitud de denominaciones: *"casing"* en singular o plural, *"intestine"*, *"intestine casing"* en singular o plural, *"gut"* o *"tripe"*.

Tabla 27. Colocaciones de "tripa".

N.º	colocación	equivalente	%
1.	(embutido/a) en tripa	stuffed in tripe	13,64
		cased in intestines	4,55
		stuffed into casings	4,55
	(embutido/a) en tripa (cular)	cased in the intestines	9,09
		sausage cured in a natural intestine casing	4,55
		stuffed in a particular and cular gut (thick gut)	4,55
	(embutido/a) en tripa (natural)	stuffed into natural casings	9,09
		stuffed into natural casing	4,55
		stuffed into natural intestine casings	4,55
		stuffed into natural gut	4,55
		stuffed in a natural pork casing	4,55
		stuffed in a natural intestine casing	4,55
		natural tripe preserved sausage	4,55
	(embutido/a) en tripa (natural de cerdo)		9,09
	(embuchado/a) en tripa (natural)	stuffed into natural stomach casings	9,09
		stuffed into natural intestine	4,55
2.	tripa natural	natural casing	20,00
		omisión	20,00
	tripa natural (de cerdo)	natural casing pork	20,00
		natural pork intestine	20,00
	tripa natural (no comestible)	natural inedible tripe	20,00
3.	en tripa natural	Ver 1.	

Por lo que respecta a la colocación "en tripa natural", ya hemos detallado dicha colocación cuando describimos "en tripa" y siempre se trasvasa con el adjetivo "*natural*" que modifica al equivalente de "tripa" en lengua inglesa.

Ante la multitud de equivalentes empleados para trasvasar el término "tripa", así como la colocación "embutido en tripa", consideramos que es necesario contrastar estos datos en el subcorpus en inglés de C-GEFEM.

5.3.2.9. Colocaciones de "curación"

Este término siempre aparece para hacer referencia al tiempo o periodo de secado que el embutido necesita para lograr el punto de sabor y textura que lo caracteriza, siendo "de curación" la colocación más frecuente, como se puede comprobar en los datos de la Tabla 28.

Tabla 28. Colocaciones de "curación".

N.º	colocación	equivalente	%
1.	(forma) de curación	curing form	6,45
	(periodo) de curación	–	6,45
		curing period	3,23
	(proceso) de curación	curing process	16,13
		process of curation	6,45
		–	6,45
		naturally cured	3,23
		to be cured	3,23
		healing process	3,23
	(punto óptimo) de curación	optimal curing poing	3,23
	(sistema) de curación	–	12,90
		curation time	3,23
		rippening process	3,23
	(tiempo) de curación	curing time	6,45
		–	6,45
		left to mature	6,45
		ripening time	3,23

De la observación de la Tabla 28 se desprende que el uso de "*curing*" como premodificador de un nombre es la forma más habitual para trasvasar este sintagma preposicional a la lengua inglesa. También detectamos la transposición mediante la utilización de otras categorías gramaticales como el verbo en pasiva ("*to be cured*"), el adjetivo ("*cured*") o incluso el nombre ("*curation*") para trasvasar interlingüísticamente del español al inglés esta colocación.

No obstante, nos llama la atención que cuando se traduce la información relativa a la curación del embutido, son varios los casos en los que se omite información, probablemente porque el periodo de curado del embutido no es relevante para los consumidores de lengua inglesa, que desconocen el proceso de elaboración de los embutidos, en tanto que los consumidores españoles sí que están interesados en el tiempo de curación de un determinado producto.

Asimismo, volvemos a dar cuenta de un patrón previamente descrito y que hace referencia a la poca sistematicidad existente a la hora de traducir los términos más frecuentes que se recogen en el género textual de las fichas descriptivas de embutidos.

5.3.2.10. Colocaciones de "carne"

El término "carne" se emplea sobre todo en dos situaciones: por un lado, con la preposición "de" para indicar el animal del que procede el producto; por otro lado, precedido de la preposición "con", como se muestra en la Tabla 29.

Tabla 29. Colocaciones de" carne".

N.º	colocación	equivalente	%
1.	carne de (cerdo)	pork meat	56,00
		chopped pork meat	16,00
		pigs	4,00
		noble parts of the animal	4,00
		Iberian pork	4,00
	carne de (caballo)	horse meat	4,00
	carne de (ciervo)	meat from the deer	4,00
	carne de (vaca)	beef	4,00
	carne de (jabalí)	meat of wild boar	4,00
2.	(elaborado) con carne	made with meat	73,68
		is made from pigs	15,79
		elaborated using (100 % pork) meat	5,26
		is made of pigs	5,26

Los datos que se muestran en la Tabla 29 indican que "carne de" se suele traducir por "*meat*", término al que precede el origen de la carne en la mayoría de las ocasiones ("*pork meat*"). Sin embargo, observamos que cuando la caracterización se pospone a "*meat*", se emplean dos preposiciones: "*from*" y "*of*". Asimismo, en algunas ocasiones se generaliza y se emplea el animal sin especificar que es carne procedente de dicho animal.

Por lo que respecta a la segunda colocación, "con carne", detectamos que en español predomina "elaborado con carne", que se trasvasa, en la mayoría de ocasiones, por el verbo "*make*", siendo "*made with meat*" (73,68 %) la opción más empleada en P-GEFEM, aunque también advertimos el uso de otras preposiciones como "*from*" y "*of*", un caso similar al explicado en la colocación "carne de". Por último, también hemos encontrado que puede utilizarse la traducción literal ("*elaborated using meat*").

5.3.2.11. Colocaciones de "color"

El término "color" siempre aparece en el subcorpus en español de P-GEFEM acompañado de "rojo" y se trasvasa al inglés como "*red colour*" en inglés británico o "*red color*" en inglés americano. Puesto que es una colocación que se emplea en la lengua general y no es típica del género textual de las fichas de embutidos, los traductores emplean el equivalente establecido.

5.3.2.12. Colocaciones de "vacío"

El término "vacío" siempre aparece como "envasado/a al vacío" para hacer referencia al formato de conservación. Para trasvasarlo a la lengua inglesa todas las traducciones emplean "*vacuum packed*", que se corresponde con el equivalente establecido. De nuevo, estamos ante una colocación que se emplea en otros géneros textuales y, por tanto, los traductores no tienen problemas al traducir esta colocación.

5.3.2.13. Colocaciones de "magro"

Esta denominación se emplea para designar al tipo de carne con la que se elaboran los embutidos, que se caracteriza por no contener grasa. Tal y como hemos constatado, en español se emplea siempre "magro de" seguido de "cerdo", como se puede comprobar en los datos que se exponen en la Tabla 30.

Tabla 30. Colocaciones de "magro".

N.º	colocación	equivalente	%
1.	magro de (cerdo)	lean pork	80,00
		pork mince	10,00
		pork membrane	10,00

Los datos ofrecidos en la Tabla 30 muestran que el equivalente más empleado para traducir "magro de cerdo" se corresponde con *"lean pork",* si bien existen otros equivalentes como, por ejemplo, *"pork mince",* que no se corresponde con la definición de "magro", puesto que indica que la carne está picada, pero puede contener grasa, o con *"pork membrane",* que hace referencia al tipo de carne, las membranas, pero el magro no tiene por qué estar compuesto de membranas.

No obstante, conviene cotejar estos datos con los que se desprendan del análisis del subcorpus en inglés de C-GEFEM.

5.3.2.14. Colocaciones de *"pimentón de la Vera"*

El "pimentón de la Vera" es un producto que cuenta con el estatus de Denominación de Origen Protegida y para su producción se emplean pimientos procedentes de una serie de comarcas del norte de la provincia de Cáceres (España). En consecuencia, es un término que tiene connotaciones culturales y, como se aprecia en los datos expuestos en la Tabla 31, su trasvase tiene como resultado infinidad de equivalentes.

Tabla 31. Colocaciones de "pimentón de la Vera".

N.º	colocación	equivalente	%
1.	pimentón de la Vera	*paprika from La Vera*	23,08
		paprika	23,08
		La Vera paprika	23,08
		the la vera paprika	15,38
		pimentón de La Vera (a sensational paprika with protected designation of origin)	7,69
		Protected Geographical Indication pimentón de la Vera	7,69

Los datos de la Tabla 31 muestran la multitud de equivalentes de traducción que se emplean para trasvasar del español al inglés este producto, que forma parte de los ingredientes de muchos de los embutidos. Se utilizan diversas técnicas: generalización y préstamo (*"paprika from La Vera"*), generalización (*"paprika"*), traducción con errores (*"*the la vera paprika"*), préstamo seguido de una explicación del producto (*"pimentón de La Vera (a sensational paprika with protected designation of origin)"*) o la adición de la traducción de la Denominación de Origen Protegida seguido del préstamo (*"Protected Geographical Indication pimentón* *de la Vera"*). En consecuencia, tendremos que comprobar en C-GEFEM cómo se recoge en los textos originalmente redactados en lengua inglesa.

5.3.2.15. Colocaciones de "secadero"

La última de las colocaciones de la muestra se corresponde con "secaderos naturales", que se trasvasa a la lengua inglesa utilizando tres opciones: "*natural drying places*" (50 %), "*natural drying facility*" (25 %) y "*drying sheds*" (25 %).

5.3.3. Recapitulación

Una vez extraídos los equivalentes de los términos más frecuentes que se recogen en el género textual de las fichas descriptivas de embutidos, así como detectada la terminología de dichos términos y su traducción a la lengua inglesa, hemos podido comprobar que la terminología de los embutidos adolece, en primera instancia, de estandarización en español, puesto que un mismo concepto recibe varias denominaciones.

En consecuencia, cuando se produce el trasvase interlingüístico, los términos se multiplican, especialmente cuando el concepto que se pretende trasvasar está muy vinculado a la cultura española y no existe un equivalente claramente establecido en lengua inglesa. De hecho, son muchas las ocasiones en las que los traductores optan por traducir utilizando la técnica de la generalización.

Por otro lado, del presente estudio se desprende la escasa normalización de la terminología de este campo en lengua inglesa a la vista de las traducciones de los términos analizados y de su fraseología, que probablemente tenga como causa la ausencia de recursos lexicográficos y terminológicos basados en corpus destinados a asistir a los traductores y redactores multilingües que trabajan en esta área de especialidad, además de la novedad cultural de este tipo de alimentos en la sociedad de lengua inglesa.

Asimismo, nos llama la atención que la redacción de los textos en español, que proceden de empresas cárnicas de reconocido prestigio, contengan errores ortotipográficos, probablemente porque este sector todavía no es consciente de la importancia que tiene la presentación del producto a través de los medios digitales para aumentar las ventas, el prestigio de la marca, etc.

En consecuencia, como hemos indicado en varias ocasiones durante el análisis de los equivalentes de los términos y de la fraseología de dichos términos, consideramos necesario contrastar los resultados obtenidos con los datos de C-GEFEM para verificar si en los textos originalmente redactados en lengua inglesa se reproducen los patrones que hemos detectado en las traducciones.

5.4. El contraste de resultados en C-GEFEM

Una vez obtenidos los patrones de comportamiento en los textos traducidos, hemos procedido a comprobar dicho comportamiento en C-GEFEM. En primer lugar, hemos contrastado los equivalentes y, a continuación, la fraseología, para detectar las semejanzas y diferencias en el uso de los términos y de su fraseología en los textos originalmente redactados en lengua inglesa.

5.4.1. El contraste de los equivalentes de los términos

Para obtener los términos más frecuentes de este campo en lengua inglesa vamos a asistirnos del analizador de concordancias AntConc 3.5.7. (Anthony, 2018). Hemos cargado el subcorpus en inglés de C-GEFEM, que está redactado en lengua inglesa por nativos, hemos activado una *stoplist* en lengua inglesa y en la pestaña "*Wordlist*" hemos lanzado la búsqueda para obtener el listado de términos más frecuentes en el mencionado subcorpus. Manualmente hemos examinado los resultados y podemos afirmar que las unidades léxicas más frecuentes se corresponden con los términos que forman parte de nuestra muestra de análisis, como se puede examinar en la Figura 65.

Figura 65. Listado de términos más frecuentes extraído con AntConc 3.5.7. (Anthony, 2018).

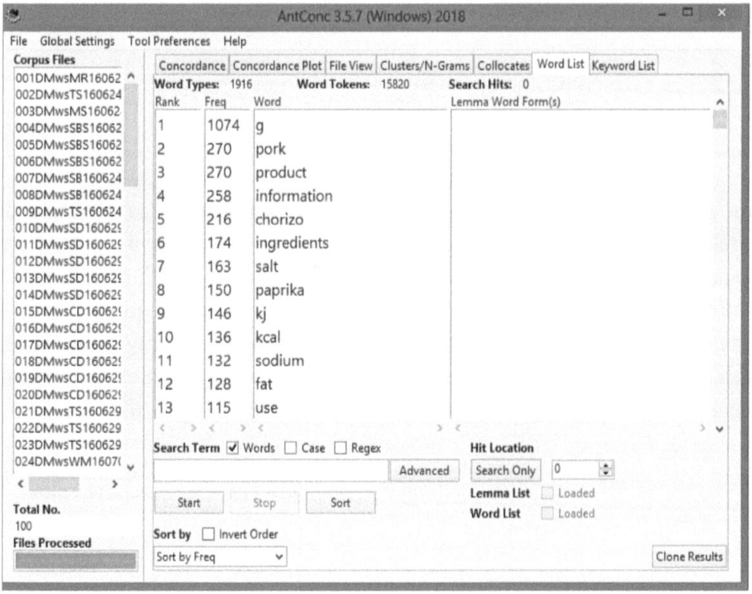

En el caso de los equivalentes de los términos compuestos por dos o más palabras, por ejemplo, "cerdo ibérico", hemos hecho clic en la pestaña "*Clusters/N-grams*", hemos incluido en la casilla de búsqueda el núcleo de la unidad léxica en lengua inglesa ("*pork*") y AntConc 3.5.7. (Anthony, 2018) nos ofrece las posibles colocaciones de dicho término, como se muestra en la Figura 66.

Figura 66. Colocaciones de "pork".

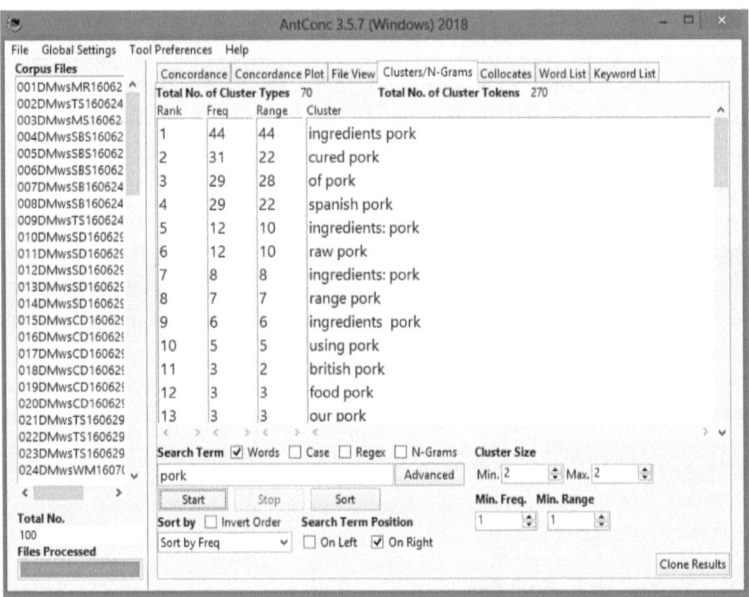

Hemos examinado dichas colocaciones y hemos establecido las correspondencias relativas a la denominación que en lengua inglesa equivale a "cerdo ibérico" en español, que se corresponde con la cuarta opción ("*Spanish pork*"). Una vez obtenida la mencionada colocación, para verificar que es el equivalente que se utiliza, hemos hecho clic en dicha colocación y automáticamente la herramienta nos deriva a la pestaña "*Concordance*", de manera que podemos comprobar la colocación en contexto (*KWIC*), como se muestra en la Figura 67.

Figura 67. Contexto de uso de "Spanish pork".

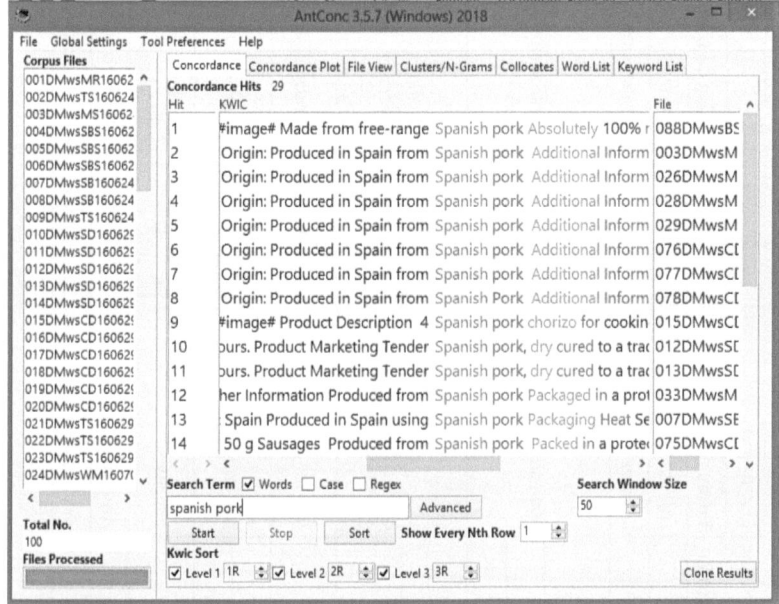

Los datos que se desprenden de estas comprobaciones se ofrecen en la Tabla 32, en la que se enumeran los términos que constituyen la muestra de análisis acompañados de los equivalentes extraídos de P-GEFEM, del número de ocurrencias y de la frecuencia normalizada sobre 100 en dicho corpus, así como de la técnica de traducción empleada. Asimismo, recogemos el equivalente que se utiliza en el subcorpus en inglés de C-GEFEM, el número de ocurrencias de dicho equivalente, la frecuencia normalizada sobre 100 en dicho corpus y la técnica de traducción empleada al contrastar el término con el equivalente incluido en C-GEFEM.

Tabla 32. Contraste de equivalentes en inglés de los términos de la muestra de análisis en P-GEFEM y en C-GEFEM.

N.°	término	P-GEFEM equivalente	Ocur.	Frec.	Técnica de trad.	C-GEFEM Equivalente	Ocur.	Frec.	Técnica de trad.
1.	chorizo	chorizo	419	254,22 %	préstamo	chorizo	216	0,96 %	préstamo
		sausage	125	75,84 %	generalización	sausage	94	0,42 %	generalización
2.	ibérico	Iberian	227	137,73 %	equivalente establecido	Spanish	107	0,47 %	generalización
		ibérico	5	3,03 %	préstamo				
		iberico	9	5,46 %	préstamo				
3.	cerdo	pork	149	90,40 %	equivalente establecido	pork	270	1,19 %	equivalente establecido
		pig	42	25,48 %	equivalente establecido				
4.	bellota	acorn	102	61,89 %	equivalente establecido	free range	6	0,03 %	generalización
		bellota	66	40,04 %	préstamo	free-range	4	0,02 %	generalización
		acorn-fed	45	27,30 %	amplificación				
5.	pimentón	paprika	95	57,64 %	equivalente establecido	paprika	150	0,66 %	equivalente establecido
		pepper	27	16,38 %	generalización	cayenne pepper	12	0,05 %	particularización
		pimentón	5	3,03 %	préstamo	smoked paprika	21	0,09 %	particularización

N.º	término	P-GEFEM				C-GEFEM			
		equivalente	Ocur.	Frec.	Técnica de trad.	Equivalente	Ocur.	Frec.	Técnica de trad.
6.	sal	salt	83	50,36 %	equivalente establecido	salt	163	0,72 %	equivalente establecido
7.	sabor	flavour	48	29,12 %	generalización	flavour	74	0,33 %	generalización
		taste	63	38,22 %	equivalente establecido	taste	15	0,07 %	equivalente establecido
		flavor	29	17,59 %	generalización				
8.	cerdo ibérico	Iberian pig	20	12,13 %	traducción literal	Spanish pork	29	0,13 %	generalización
		Iberian pork	30	18,20 %	traducción literal				
9.	embutido	sausage	125	75,84 %	equivalente establecido	(dry) cured pork sausage	24	0,11 %	amplificación
		cold meats	19	11,53 %	generalización	continental meats	24	0,11 %	generalización
		cured meats	9	5,46 %	generalización	cooked meats	13	0,06 %	generalización
10.	curación	curing	37	22,45 %	equivalente establecido	cured	84	0,37 %	transposición
						curing	15	0,07 %	equivalente establecido
11.	kj	kj	16	9,71 %	equivalente establecido	kj	146	0,65 %	equivalente establecido
12.	ajo	garlic	54	32,76 %	equivalente establecido	garlic	85	0,38 %	Equivalente establecido
13.	especias	spices	44	26,70 %	equivalente establecido	spices	38	0,17 %	equivalente establecido

N.°	término	P-GEFEM equivalente	Ocur.	Frec.	Técnica de trad.	C-GEFEM Equivalente	Ocur.	Frec.	Técnica de trad.
14.	tripa	casing	11	6,67 %	equivalente establecido	casing	25	0,11 %	equivalente establecido
		gut	12	7,28 %	traducción literal				
		tripe	10	6,07 %	traducción literal				
		intestine	7	4,25 %	traducción literal				
15.	chorizo ibérico	Iberico chorizo	9	5,46 %	préstamo	Spanish chorizo	9	0,04 %	generalización y préstamo
		Iberian chorizo	51	30,94 %	traducción literal y préstamo				
		chorizo ibérico	11	6,67 %	préstamo				
		Iberian Sausage	10	6,07 %	calco				
		iberian sausage	6	3,64 %	calco				
		chorizo iberico	4	2,43 %	préstamo	Spanish pork sausage	6	0,03 %	generalización y amplificación
		Spanish chorizo	28	16,99 %	generalización				
16.	valor energético	energetic value	8	4,85 %	traducción literal	nutritional data	21	0,09 %	equivalente establecido

N.°	término	P-GEFEM				C-GEFEM			
		equivalente	Ocur.	Frec.	Técnica de trad.	Equivalente	Ocur.	Frec.	Técnica de trad.
17.	hidratos de carbono	*carbohydrates*	12	7,28 %	equivalente establecido	*carbohydrate*	53	0,23 %	equivalente establecido
18.	lomo	*loin*	13	7,89 %	equivalente establecido	*lomo*	16	0,07 %	préstamo
						pork loin	6	0,03 %	particularización
19.	picante	*spicy*	54	32,76 %	equivalente establecido	*hot*	43	0,19 %	equivalente establecido
						spicy	27	0,12 %	equivalente establecido
						spiced	15	0,07 %	equivalente establecido
20.	magro	*lean*	35	21,24 %	transposición	*pork meat*	5	0,02 %	generalización
		mince	6	3,64 %	adaptación				
		membrane	2	1,21 %	particularización				

Como se muestra en la Tabla 32, hemos detectado 32 equivalentes en lengua inglesa para los 20 términos más frecuentes en español. En primer lugar, observamos que, tal y como hemos constatado en los resultados que se desprenden del análisis de P-GEFEM, en el subcorpus en inglés de C-GEFEM tendríamos un grupo de denominaciones en español que se trasvasan a la lengua inglesa utilizando el equivalente establecido, puesto que son unidades léxicas que se emplean en otras áreas de conocimiento y en la lengua general y, en consecuencia, son ampliamente conocidas por cualquier usuario de la lengua inglesa. Dentro de este patrón podríamos categorizar términos como "sal" ("*salt*"), "kj" ("*kj*"), "ajo" ("*garlic*"), "especias" ("*spices*") o "hidratos de carbono" ("*carbohydrates*").

No obstante, el término "valor energético" se trasvasa en P-GEFEM utilizando una traducción literal ("*energetic value*") y, sin embargo, este equivalente no se recoge en C-GEFEM, dado que los redactores de lengua inglesa optan por emplear "*nutritional data*". Por tanto, podemos concluir que el término "*energetic value*" es típico de los textos traducidos, puesto que no se utiliza en los textos pertenecientes a este género textual y redactados por hablantes nativos en lengua inglesa. Además, constatamos que los equivalentes propuestos para "chorizo", aunque se trata de un producto muy vinculado con la cultura española, es conocido en la cultura inglesa y, en consecuencia, los equivalentes propuestos coinciden en ambos corpus: "*chorizo*", que es el préstamo, y "*sausage*", que se trasvasa empleando la generalización.

Otro patrón de comportamiento que nos gustaría destacar es el relativo a los términos que se trasvasan utilizando solamente uno de los equivalentes empleados en P-GEFEM. Por ejemplo, en el subcorpus en inglés de P-GEFEM dimos cuenta de la coexistencia de "*pork*" y "*pig*" como equivalentes de "cerdo", en tanto que en C-GEFEM se utiliza únicamente "*pork*" (1,19 %). De hecho, "*pig*" solo tiene tres ocurrencias y una frecuencia normalizada sobre 100 de 0,01 %. Un caso similar se produce con "tripa", que se trasvasa utilizando cuatro equivalentes en P-GEFEM ("*casing*", "*gut*", "*tripe*" e "*intestine*") y en C-GEFEM solo se usa "*casing*". Asimismo, "sabor" se traduce a la lengua inglesa por "*flavour*", "*taste*" y "*flavor*" en P-GEFEM, mientras que en C-GEFEM la grafía del inglés americano no se utiliza.

También observamos la tendencia contraria, en P-GEFEM detectamos un único equivalente para un determinado término y, sin embargo, en C-GEFEM coexisten varios equivalentes. Por ejemplo, el término "picante", que se trasvasa por "*spicy*" en P-GEFEM, tiene tres opciones en C-GEFEM: "*spicy*", "*hot*" y "*spiced*". Otro ejemplo se corresponde con "curación", que en P-GEFEM se traduce por "*curing*" y en C-GEFEM se emplea el mencionado equivalente, pero también "*cured*" (transposición).

Además, advertimos casos en los que uno de los equivalentes propuestos coincide en ambos corpus (P-GEFEM y C-GEFEM), pero el resto de los equivalentes para un mismo término difieren. Por ejemplo, "pimentón" se trasvasa por "*paprika*" (equivalente establecido) en los dos corpus, pero en P-GEFEM también se utiliza "*pimentón*" (préstamo), en tanto que la incidencia de este préstamo en C-GEFEM es muy poco representativa (0,02 % con la grafía sin tilde y 0,03 % con tilde), prefiriéndose la utilización de otras alternativas como "*cayenne pepper*" y "*smoked pepper*" (en estos dos casos se utiliza la técnica de traducción de la particularización). También el trasvase interlingüístico de "chorizo ibérico" también puede circunscribirse en este patrón de comportamiento, puesto que en P-GEFEM encontramos siete equivalentes diferentes ("*Iberico chorizo*", "*Iberian chorizo*", "*chorizo ibérico*", "*Iberian Sausage*", "*iberian sausage*", "*chorizo iberico*" y "*Spanish chorizo*"), en tanto que en C-GEFEM se utilizan solamente dos equivalentes: "*Spanish chorizo*" (generalización y préstamo) y "*Spanish pork sausage*" (generalización y amplificación).

El último de los patrones que se desprende del contraste de ambos corpus se corresponde con el empleo de equivalentes diferentes, lo que tiene como consecuencia que la comprensión del texto traducido por parte de los usuarios de la lengua meta pueda verse afectada, puesto que el mensaje puede que no se esté trasvasando en su totalidad. Por ejemplo, la traducción del término "ibérico" en P-GEFEM se corresponde con "*Iberian*" (equivalente establecido) o "*ibérico / iberico*" (préstamo) y en C-GEFEM se usa "*Spanish*" (generalización). Además, hemos comprobado si "*Iberian*" se utiliza en el subcorpus en inglés de C-GEFEM y solo hemos encontrado tres ocurrencias, dos de ellas en un mismo texto, como se muestra en la Figura 68.

Figura 68. Ocurrencias de "Iberian" en el subcorpus en inglés de C-GEFEM.

Concordance Hits	3	
Hit	KWIC	File
1	it with fish for a classic Iberian dish, or try it mixed with	058DMwsDA161114Fo
2	combines pork from free range Iberian pigs with smoky Pimenton de la	007DMwsSB160624Fo
3	, you get the best results. This Iberian-style chorizo sausage is spicy and	058DMwsDA161114Fo

Asimismo, "*iberico*" solo se utiliza una vez en C-GEFEM, así que no podemos considerarlo representativo. Este mismo ejemplo se reproduce en el trasvase del español al inglés de "cerdo ibérico", que en P-GEFEM aparece como "*Iberian pig / pork*" y, en C-GEFEM se utiliza únicamente "*Spanish pork*". Un caso similar es el que se produce con la traducción de "embutido". En P-GEFEM hemos detectado la utilización de "*sausage*", "*cold meats*" y "*cured meats*", mientras que en C-GEFEM constatamos el empleo de *"(dry) cured pork sausage"*, *"continental meats"* y *"cooked meats"*. Con "magro" también se repite este patrón, puesto que en P-GEFEM se trasvasa por *"lean"*, *"mince"* y *"membrane"*. Sin embargo, en C-GEFEM se utiliza una generalización (*"pork meat"*), sin señalar que el magro es un tipo de carne sin grasa. Otro producto que sigue esta tendencia es "lomo", *"loin"* en P-GEFEM y *"lomo"* (préstamo) o *"pork loin"* (particularización en la que se indica el tipo de animal) en C-GEFEM. Asimismo, el término "bellota" también tiene diferentes equivalentes, puesto que en el subcorpus en inglés de C-GEFEM se utiliza *"free range"*, con una grafía que puede o no llevar guion y que no especifica la alimentación de los cerdos, simplemente señala que han sido criados en libertad.

Por tanto, los resultados descritos ponen de manifiesto que son muchas las denominaciones empleadas en la traducción del español al inglés de textos pertenecientes al género textual de las fichas descriptivas de embutidos que no se utilizan en los textos redactados originalmente en lengua inglesa, por lo que los consumidores pueden detectar al leer el contenido que el producto no está descrito conforme a las convenciones de la lengua inglesa, que puede faltar u omitirse algún tipo de información y que, en consecuencia, el producto no es todo lo atractivo que debiera porque la traducción no se adecua a las convenciones léxicas de la lengua y de la cultura de llegada.

Por lo que respecta a las técnicas de traducción empleadas C-GEFEM, la distribución porcentual se muestra en el Gráfico 4.

Gráfico 4. Distribución porcentual de las técnicas de traducción empleadas en C-GEFEM.

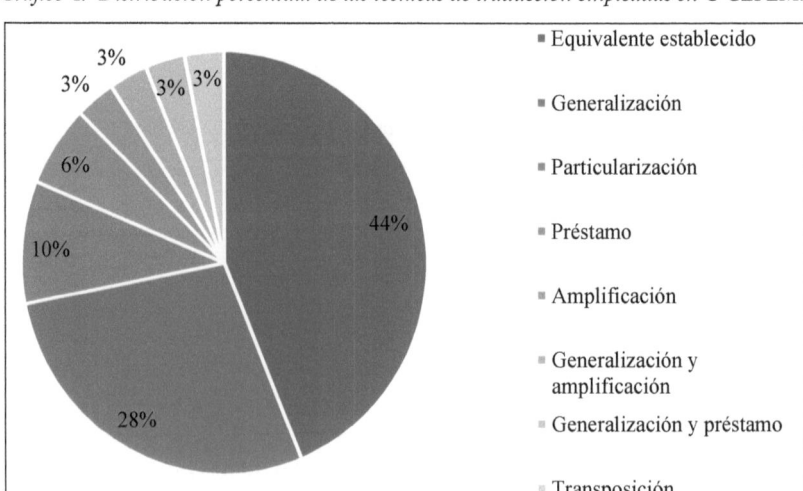

Los resultados mostrados en el Gráfico 4 ponen de manifiesto que en el 44 % de los casos analizados el trasvase se produce utilizando la técnica del equivalente establecido, siendo la segunda técnica más empleada la generalización (28 %), en tercer lugar, la particularización (10 %) y, en cuarto lugar, el préstamo (6 %). El resto de las técnicas (amplificación, generalización y amplificación, generalización y préstamo y transposición) tienen poca representación (3 % cada una).

A continuación, comparamos las técnicas de traducción extraídas de P-GEFEM con las procedentes de C-GEFEM, que se muestran en el Gráfico 5.

Gráfico 5. *Comparativa de técnicas de traducción en P-GEFEM y en C-GEFEM.*

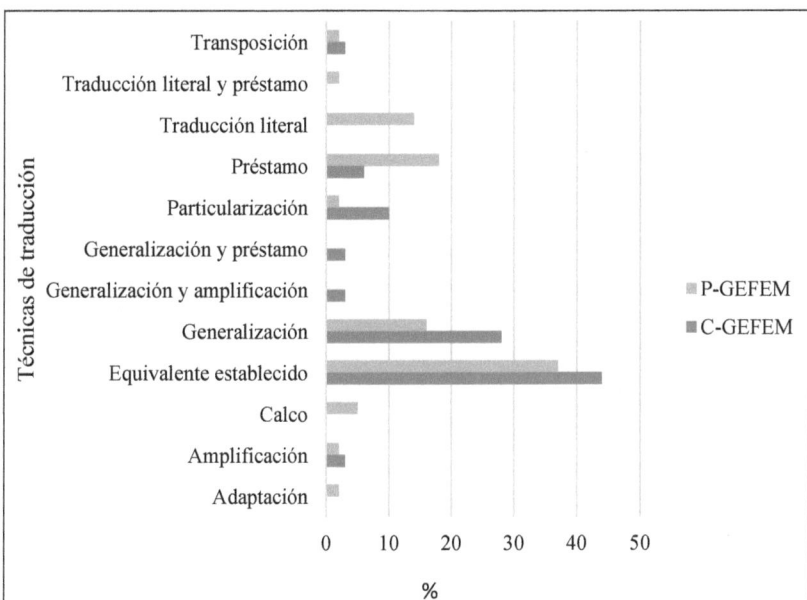

De la observación del Gráfico 5 se desprende que a la hora de trasvasar del español al inglés los términos del género textual de las fichas descriptivas de embutidos, la técnica que tiende a utilizarse con más frecuencia tanto en la traducción como en la redacción en lengua inglesa se corresponde con el equivalente establecido (37 % en P-GEFEM y 44 % en C-GEFEM).

No obstante, la primera diferencia que constatamos está relacionada con la segunda de las técnicas, puesto que en P-GEFEM se corresponde con el préstamo (18 %) y en C-GEFEM con la generalización (28 %). De hecho, el préstamo ocupa el cuarto lugar en C-GEFEM (6 %). La tercera técnica más empleada en P-GEFEM es la generalización (16 %) y, sin embargo, en C-GEFEM es la particularización (10 %), siendo el préstamo (6 %) la cuarta técnica empleada en C-GEFEM, en tanto que en P-GEFEM es la traducción literal (14 %).

Además, nos gustaría señalar que son varias las técnicas empleadas por los traductores que no se utilizan en la redacción en lengua inglesa, tales como la traducción literal (14 %), el calco (5 %), la adaptación (2 %) y la traducción literal y préstamo (2 %). De la misma manera, podemos afirmar que técnicas empleadas por los redactores de lengua inglesa, por ejemplo, la generalización y amplificación (3 %), y la generalización y préstamo (3 %), no se utilizan en los textos traducidos.

En consecuencia, los datos dejan entrever que los traductores que trasvasan las fichas descriptivas de producto del español al inglés no utilizan los corpus virtuales comparables entre los recursos para documentarse y gestionar la terminología de este género textual, puesto que el contraste de resultados muestra que se emplean diferentes técnicas de traducción a la hora de trasvasar la terminología de esta área de conocimiento

Una vez estudiados los equivalentes, en el siguiente paso hemos analizado el tratamiento dado a la fraseología durante el trasvase interlingüístico contrastándolo con los datos que arroja C-GEFEM al respecto.

5.4.2. El contraste de la fraseología

La última etapa del análisis es comprobar si se utiliza la misma fraseología de los términos que forman la muestra del análisis en las traducciones y en los textos redactados originalmente en lengua inglesa. Así pues, hemos verificado qué equivalentes se emplean en el subcorpus en inglés de C-GEFEM de las colocaciones en español expuestas en la Tabla 19.

Para realizar dicha verificación nos hemos ayudado de AntConc 3.5.7. (Anthony, 2018). Hemos introducido los equivalentes en lengua inglesa de los términos que constituyen la muestra de análisis de nuestro estudio y hemos comprobado cómo se expresan originalmente en lengua inglesa las colocaciones más frecuentes de dichos términos, que mostramos en la Tabla 33, acompañadas del número de apariciones en el subcorpus en inglés de C-GEFEM, es decir, de las ocurrencias, y de la frecuencia normalizada sobre 100. En dicho listado hemos excluido las unidades léxicas compuestas por dos o más palabras que han recibido el tratamiento de términos, por ejemplo, "chorizo ibérico", "cerdo ibérico", "hidratos de carbono" o "valor energético".

Tabla 33. Los equivalentes de la fraseología en C-GEFEM.

N.º	Colocación	Equivalente	ocur.	Frec. %
1.	de/del cerdo	pork sausage	39	0,17 %
		pork belly	9	0,04 %
		pork loin	6	0,03 %
		pork meat	6	0,03 %
		g of pork	28	0,12 %
2.	chorizo de	cooking chorizo	11	0,05 %
		(yorkshire) chorizo	6	0,03 %
		pork chorizo	3	0,01 %
		British chorizo		
		chorizo de Pamplona /Chorizo de puerco / Chorizo de León		0,00 %
		pork sausage	39	0,17 %
3.	ibérico de	–		0,00 %
4.	ibérico de bellota	–		0,00 %
5.	de cerdo ibérico	from Spanish pork	12	0,05 %
6.	elaborado con	made using	4	0,02 %
		made with	15	0,07 %
		made from	10	0,04 %
7.	proceso de	proceso de (curación) drying process	6	0,03 %
		proceso de (curación) during curing and maturation.	9	0,04 %
8.	de león	from xxx		0,00 %
9.	en tripa	filled in pork casings	1	0,00 %
		filled into a natural pork casing	1	0,00 %
		filled in a a beef collagen casing	2	0,01 %
		edible casing	3	0,01 %
10.	chorizo ibérico de bellota	–		0,00 %
11.	ibérico bellota	–		0,00 %
12.	de curación	moisture is lost during curing and maduration	13	0,00 %
13.	carne de	pork meat	6	0,03 %
		raw meat	4	0,02 %
		manufactured meat	3	0,01 %

N.º	Colocación	Equivalente	ocur.	Frec. %
14.	del chorizo	–		0,00 %
15.	carne de cerdo	pork meat	6	0,03 %
16.	chorizo ibérico bellota	–		0,00 %
17.	tripa natural	(Beef/pork) natural casing	5	0,02 %
18.	chorizo vela	–		0,00 %
19.	color rojo	red color	1	0,00 %
		red colour	1	0,00 %
20.	con carne	–		0,00 %
21.	al vacío	vacuum packed	5	0,02 %
		packaged in a protective atmosphere	32	0,14 %
22.	magro de	pork meat	6	0,03 %
23.	en tripa natural	–		0,00 %
24.	magro de cerdo	pork meat	6	0,03 %
25.	bellota ibérico	–		0,00 %
26.	chorizo cular	–		0,00 %
27.	cerdo ibérico de bellota	free range Spanish pork	1	0,00 %
		free range pork	6	0,03 %
		free-range pork	2	0,01 %
28.	pimentón de la Vera	pimentón de la vera paprika	1	0,00 %
		smoky Pimentón de la Vera	1	0,00 %
		paprika (Pimentón de la Vera)	1	0,00 %
		Spanish pimiento de la vera	2	0,01 %
		Pimenton form del la Vera	1	0,00 %
		Spanish paprika	3	0,01 %
		Pimenton de la Vera D.O.P. smoked paprika	1	0,00 %
29.	chorizo extra	–		0,00 %
30.	chorizo sarta	chorizo ring	12	0,05 %
31.	chorizo de bellota	–		0,00 %
32.	grasa de cerdo	fat	2	0,01 %
		pork lard	1	0,00 %
33.	secaderos naturales	dry cured	47	0,21 %

Por lo que respecta a la colocación "del cerdo", en lengua inglesa se utiliza siempre "*pork*" como premodificador del nombre, por ejemplo, "carne de cerdo" ("*pork meat*"), "chorizo de cerdo" ("*pork sausage*") o "lomo de cerdo" ("*pork loin*"). Además, para indicar la cantidad se utiliza una cifra, la medida, la preposición "de" y el equivalente de cerdo ("*153 g of pork*"). Asimismo, hemos comprobado que, de los equivalentes propuestos en lengua inglesa en la Tabla 21, tan solo dos, que se corresponden con "*pork meat*" y con "*pigs*", aparecen recogidos en C-GEFEM. Asimismo, conviene precisar que "*pigs*" se incluye con el significado de animal, pero no con el significado de carne perteneciente a dicho animal. Para acabar con las colocaciones de "cerdo", nos gustaría indicar que el resto de los equivalentes propuestos en P-GEFEM no se emplean en este género textual tras realizar la comprobación en C-GEFEM, por lo que podemos considerarlas típicas de los textos traducidos.

En segundo lugar, el término "chorizo" acompañado de la preposición "de" se trasvasa por el término "*chorizo*" o "*sausage*" en lengua inglesa premodificado por algún adjetivo o nombre, por ejemplo, "*pork chorizo / sausage*" para hacer referencia a "chorizo de cerdo" y "*cooking chorizo*" para designar al "chorizo de freír" o "chorizo fresco". Otra posible colocación se corresponde con anteponer la procedencia del producto al término "chorizo": "*Spanish chorizo*" (que también se recoge en el subcorpus en inglés de P-GEFEM), "*British chorizo*" o "*Yorkshire chorizo*". Aunque hemos encontrado el uso del préstamo en tres ocasiones ("*chorizo de Pamplona*", "*chorizo de puerco*" y "*chorizo de León*"), dichos equivalentes solo aparecen en un único texto, por lo que no son representativos de la muestra de análisis. Para indicar la procedencia también se puede utilizar el producto con la preposición "*from*" seguida del lugar, por ejemplo, "*chorizo from Spain*".

Si comprobamos si los equivalentes extraídos de P-GEFEM se emplean en C-GEFEM, tan solo podemos dar cuenta del uso de los siguientes equivalentes: "*chorizo*", "*chorizo sarta*" y "*flavour of*". Por tanto, volvemos a detectar que se utilizan colocaciones de los términos que son típicas de la traducción y que los equivalentes propuestos en las traducciones no se emplean durante la redacción de textos en inglés por parte de hablantes nativos. Asimismo, la colocación "del chorizo" no existe en lengua inglesa, es decir, los nombres "*sausage*" y "*chorizo*" no se utilizan como premodificadores de otro nombre ni con la preposición "*of*" ni con "*from*", en tanto que sí que encontramos casos de este empleo en P-GEFEM: "*color of chorizo*", "*of chorizo sausage*".

En relación con la forma que adquiere el chorizo, el término "vela" no se trasvasa a la lengua inglesa, ni tampoco "cular". De hecho, observamos que en inglés no se tiende a ofrecer una explicación de la forma del chorizo, únicamente cuando es "chorizo sarta" se usa "*chorizo ring*". No obstante, se tiende a comercializar cortado en lonchas, utilizándose la denominación "*sliced chorizo*".

Para finalizar con las colocaciones de "chorizo", la calidad, que en español se ofrece con el uso del adjetivo "extra", se omite en lengua inglesa, un patrón del que dimos cuenta en P-GEFEM, aunque en este corpus detectamos el uso de "*extra quality chorizo*" o, incluso, el empleo de "*chorizo extra*" (préstamo).

Por lo que respecta a las colocaciones de "ibérico" y "bellota" ("ibérico de", "ibérico de bellota", "chorizo ibérico de bellota", "ibérico bellota", "chorizo ibérico bellota", "bellota ibérico" y "chorizo de bellota"), en el corpus en inglés de C-GEFEM "ibérico" se traduce por "*Spanish*", como hemos recogido previamente en la Tabla 33, de manera que "de cerdo ibérico" se traduce por "*from Spanish pork*". Respecto al uso de "*Iberian*", este adjetivo se emplea en tres ocasiones, pero solamente una de ellas hace referencia al embutido: "*Iberian dish*", "*Iberian pigs*" e "*Iberian-style chorizo sausage*". Además, "bellota" se trasvasa utilizando "*free range*" con o sin guión (generalización), así que "cerdo ibérico de bellota" se traduce por "*free range pork*", "*free-range pork*" o "*free range Spanish pork*". De hecho, se aprecia que la procedencia del producto se omite en lengua inglesa en las dos primeras colocaciones. Por otro lado, no detectamos términos en lengua inglesa en los que se combinen los conceptos a los que hacen referencia los términos "ibérico" y "bellota" conjuntamente, por lo que no existen equivalentes para las colocaciones previamente enunciadas. Nuevamente podemos afirmar que las colocaciones relativas a "ibérico" y a "bellota" son combinaciones típicas de la traducción que no se emplean cuando se redactan los textos en lengua inglesa por parte de los nativos anglófonos.

La colocación "elaborado con" se trasvasa utilizando el verbo "*make*" en participio pasado ("*made with*" o "*made from*"). Esta colocación coincide con el equivalente propuesto en las traducciones de P-GEFEM, puesto que en este último corpus se utiliza tanto "*make with*" como "*made from*". Asimismo, observamos que también se usa "*made using*", en C-GEFEM, colocación que no aparece en el corpus de traducciones, es decir, en el subcorpus en lengua inglesa de P-GEFEM.

Siguiendo con la elaboración de embutidos, otra colocación es "proceso de curación", que se trasvasa por "*drying process*" (equivalente establecido), o por "*curing process and maturation*" (amplificación), en tanto que en la traducción del español al inglés pudimos comprobar que se emplean infinidad de formas para hacer referencia al proceso de secado del embutido. Además, para hacer referencia al periodo de curación, en el subcorpus en inglés de C-GEFEM se emplea la oración *"moisture is lost during curing and maturation"*, a pesar de que en P-GEFEM no se incluye esta oración que es muy típica en este género textual.

Para hacer referencia a la tripa en la que se embute el magro adobado, es decir, "en tripa", observamos que en lengua inglesa se utiliza el verbo *"fill"* seguido de la preposición *"in"* o *"into"* y, a continuación, "tripa" (*"casing"*), por ejemplo, *"filled in a beef collagen casing"* o *"filled into a natural pork casing"*. Sin embargo, en P-GEFEM pudimos observar que predominaba el uso de *"stuffed into natural casing / gut / intestine / tripe"*, en tanto que *"stuffed"* no aparece recogido en C-GEFEM, por lo que reiteramos que los términos empleados durante el trasvase interlingüístico no se emplean en la redacción en lengua inglesa por parte de nativos. Además, "tripa natural" se trasvasa por *"(beef / pork) natural casing"* en C-GEFEM y en las traducciones (P-GEFEM) coexisten los términos anteriormente descritos para denominar tripa: *"casing"*, *"gut"*, *"intestine"* y *"tripe"*, evidenciando que los traductores no compilan un corpus comparable del género textual que tienen que traducir ni justifican la resolución de los problemas de equivalencia basándose en los resultados de un corpus comparable bilingüe.

Otro de los ingredientes de los embutidos, "carne", suele ir seguido de la preposición "de" en español y, como hemos visto en lengua inglesa, se tiende a premodificar el nombre, de manera que las colocaciones más típicas son *"pork meat"*, *"raw meat"* o *"manufacturer meat"* en el subcorpus en inglés de C-GEFEM. Sin embargo, observamos que en los resultados procedentes del análisis de P-GEFEM se emplean muchas posibilidades, tales como la denominación del animal para referirse a la carne: *"meat of"*, *"meat from"*, etc. De hecho, "carne de cerdo" se trasvasa en C-GEFEM únicamente por *"pork meat"* y en P-GEFEM hemos detectado cinco equivalentes diferentes: *"pork meat"*, *"chopped pork meat"*, *"pigs"*, *"noble parts of the animal"* e *"Iberian pork"*. Respecto a la colocación "(elaborado) con carne", se emplea *"made with pork"* o *"made from pork"* en C-GEFEM, es decir, se produce una generalización y, por ende, se usa el animal para referirse a la carne procedente de dicho animal.

Asimismo, el equivalente de "magro de cerdo" en el subcorpus en inglés de C-GEFEM es *"pork meat"* (generalización), puesto que las fichas descriptivas de embutidos redactadas originalmente en lengua inglesa no diferencian entre "magro de cerdo" y otros tipos de carne de cerdo. De hecho, el uso de "grasa de cerdo" solo se especifica en tres textos mediante el uso de *"fat"* y de *"pork lard"*. No obstante, en P-GEFEM se utilizan hasta cinco equivalentes para referirse a este concepto (*"fat of pork"*, *"pork fat"*, *"fatty pork"*, *"mixture of meats"* y *"mixture of excellent meats coming from the best parts of our Iberian pigs*") y ninguno de ellos coincide con los encontrados en C-GEFEM, lo que pone de manifiesto que los corpus comparables no se emplean para traducir las fichas descriptivas de embutidos.

Por lo que respecta a la colocación "color rojo", observamos que se emplea "*red color / colour*" según la variedad diatópica en la que esté redactado el texto –inglés americano o inglés británico– respectivamente, y dicha colocación coincide con los resultados obtenidos en P-GEFEM.

El envasado del producto suele ser "al vacío" en español y se utiliza "*vacuum packed*" en el subcorpus en inglés de C-GEFEM, término que también se emplea en P-GEFEM. Sin embargo, hemos detectado que en lengua inglesa el producto tiende a envasarse en atmósfera protectora, es decir, "*packaged in a protective atmosphere*", probablemente porque se produce un cambio de perspectiva, de manera que el producto se presenta cortado en lonchas o envuelto en un plástico o bandeja protectora, en tanto que en el mercado español tiende a comercializarse sin embalaje.

Otro término que hace referencia a un producto típico de la gastronomía española es "pimentón de la Vera", que se traduce utilizando cinco formas distintas en el subcorpus en inglés de C-GEFEM, siendo la más frecuente el adjetivo "*Spanish*" antepuesto al término "*paprika*" ("*Spanish paprika*"), que se corresponde con el equivalente establecido, aunque también observamos la alternancia con el equivalente establecido y el préstamo entre paréntesis ("*paprika (pimentón de la Vera)*") o el préstamo unido al equivalente establecido ("*pimentón de la Vera paprika*"). A pesar de las múltiples denominaciones empleadas en lengua inglesa, nos gustaría destacar que ninguna de ellas coincide con las recogidas en P-GEFEM, por lo que, de nuevo, detectamos que los equivalentes propuestos en lengua inglesa en P-GEFEM se corresponden con creaciones discursivas de los traductores, que no han cotejado los términos en un corpus comparable.

Para finalizar, observamos que el término "secadero natural" no aparece en C-GEFEM, a pesar de que en P-GEFEM sí que se encuentran equivalentes. Es probable que los consumidores de embutido de lengua inglesa desconozcan qué es un secadero natural puesto que es un concepto típico de la cultura española que hace referencia a las instalaciones que se utilizan para curar el embutido y no otros alimentos como el pescado o la carne, con más tradición en la cultura anglosajona. No obstante, en relación con la curación del producto, hemos comprobado que en los textos redactados originalmente en lengua inglesa se utiliza la colocación "*dry cured*" ("*dry cured pork sausage*") para indicar que es un producto curado, en tanto que en las traducciones esta colocación no se recoge. Sin embargo, es importante a la hora de vender un producto en el mercado anglosajón indicar que está seco y que no está crudo, puesto que el aire ha curado el alimento, de manera que los consumidores no sientan aversión a la hora de comprar y degustar un determinado embutido.

5.4.3. Recapitulación

Los resultados obtenidos tras la explotación de un corpus paralelo (P-GEFEM) y un corpus comparable (C-GEFEM) ponen de manifiesto la necesidad de contrastar los datos derivados del corpus paralelo con los que se registran en un corpus comparable de idéntica tipología, lo que nos ha permitido detectar varios patrones de comportamiento típicos de los textos traducidos. Por ejemplo, los términos y sus colocaciones se tienden a trasvasar a la lengua inglesa por medio de traducciones literales mientras que, en los textos originalmente escritos en inglés, se suele optar por las generalizaciones y las supresiones para primar la comprensión del usuario en lengua inglesa.

De los patrones de comportamiento detectados se desprenden múltiples repercusiones y aplicaciones, dignas de ser analizadas. La evidencia de usos sorprendentes de la lengua inglesa en las traducciones al inglés de los textos pertenecientes al género textual de las fichas descriptivas de producto revelan, cuando menos, la escasa atención prestada a las traducciones de las páginas web de las empresas españolas. La disparidad en el uso de equivalentes con su fraseología correspondiente entre el inglés de traducción y la lengua inglesa plantea, por ejemplo, la urgencia de concienciar a las empresas respecto al deterioro de la imagen corporativa que puede implicar para estas. Así pues, consideramos necesario colaborar con las empresas del sector agroalimentario para que ajusten la calidad lingüística de sus páginas web y de la información que acompaña a sus productos al nivel de excelencia de los mencionados productos a los que pretenden dotar de visibilidad internacional en la web de conocimiento.

Por último, consideramos muy útil y necesario recoger la terminología y la fraseología para generar una base de datos terminológica sobre embutidos que pueda asistir a los profesionales en la redacción y en la traducción de las fichas descriptivas de embutidos del español al inglés, sistematice los usos correctos y proponga estrategias coherentes en la búsqueda de equivalentes en la lengua inglesa que los hablantes de dicha lengua perciban como naturales y que trasladen la connotación de calidad y de prestigio del producto que se está intentando introducir en el mercado anglosajón.

5.5. e-DriMe

Una vez que hemos extraído y analizado la terminología, la última etapa de nuestro trabajo es recogerla en una base de datos bilingüe que ofrezca cobertura a las lenguas española e inglesa.

5.5.1. Las entradas

Teniendo en cuenta las consideraciones descritas en el epígrafe 3.3.4.3., cada entrada se corresponde con un término y este, a su vez, puede estar compuesto por una o varias palabras, pero tiene que hacer referencia a un concepto. Completamos cada entrada con los campos descritos en la metodología de compilación de e-DriMe.

Respecto a la información de gestión, hemos incluido la fecha (DATE) con el formato dd/mm/aaaa y las tres iniciales del autor (AUTHOR). En fases posteriores, cuando se revise la entrada, completaremos el revisor (REV) y la fecha de revisión (REV DATE). A continuación, insertamos el término, la fuente de la que procede dicho término (TERM REF), es decir, uno de los textos de nuestro corpus en el que se recoja dicho término y la categoría gramatical (POS), según sea nombre (n.), adjetivo (adj.), verbo (v.) o adverbio (adv.). En el caso de los nombres, también incluimos el género (m. o f.) y en los verbos explicamos el patrón de comportamiento. A continuación, hemos agregado el resto de los campos con la información procedente de nuestros corpus.

Para que el lector pueda comprender con mayor claridad cómo hemos compilado e-DriMe, procedemos a mostrar ejemplos de varias de las entradas recogidas en la nomenclatura de dicha base. Además, nos gustaría indicar que no vamos a describir los marcos en este apartado, puesto que hemos dedicado un epígrafe a explicar cómo hemos diseñado los marcos semánticos y cómo hemos detectado que un término alude a un determinado marco semántico.

5.5.1.1. Chorizo

En la Figura 69 se muestra una captura de pantalla de la entrada bilingüe en español y en inglés de "chorizo".

Como se puede apreciar, comenzamos por enunciar el marco semántico (<FOOD>) y la información de gestión: la fecha (11/04/2017), las iniciales del autor (TOA), las iniciales del revisor (TOA) y la fecha de revisión (19/02/2019). En el nivel de idioma aparece el término en español (chorizo) y su equivalente en lengua inglesa (chorizo). A nivel de término en español se recoge la fuente de la que se ha extraído el término (013DMwsMS160628FoodieES.txt), la categoría gramatical (nombre masculino), una definición extraída del corpus ("[…] embutido curado al aire que está elaborado a partir de carne de cerdo picada y adobada con pimentón de la Vera, ajo y sal"), la referencia de dicha definición (097DMwsCL160912FoodieES.txt), un ejemplo de uso ("Chorizo ibérico extra procedente de carnes de categoría extra del cerdo ibérico, criado en tierras y dehesas de Guijuelo, Salamanca"), la referencia (048DMws SS160725FoodieES.txt), la fraseología (curar ~, elaborar ~; sarta de ~,~ cular, ~ vela), unidades léxicas compuestas que tendrán una entrada en la base de datos terminológica, por ejemplo, "chorizo ibérico", "chorizo ibérico de bellota", "chorizo de Pamplona"; finalmente, la estructura actancial del término (~<DESCRIPTOR> <ORIGIN> <PURPOSE> <FLAVOUR> <SHAPE>) y uno o dos ejemplos: "chorizo cular ibérico de bellota" y "chorizo extra gran vela blanco".

Figura 69. *Captura de pantalla de la entrada de "chorizo" en e-DriMe.*

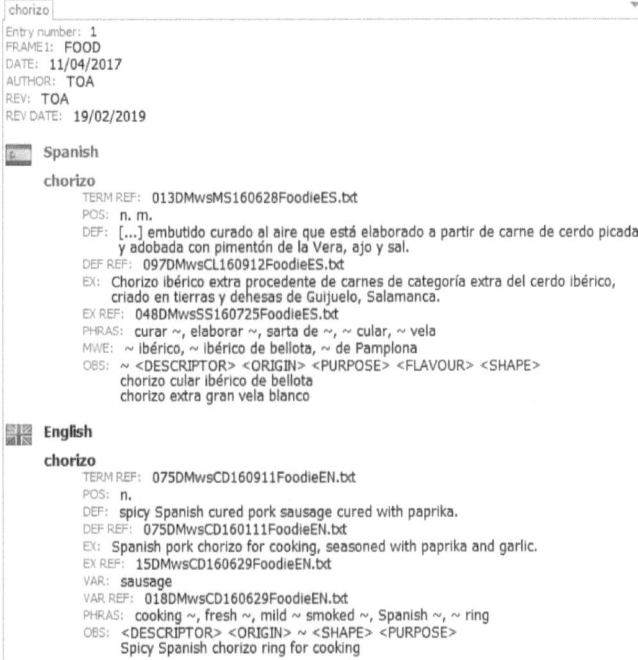

Por lo que respecta al nivel de término en lengua inglesa, se incluye la misma estructura que la explicada en lengua española, la referencia del término (075DMwsCD160911FoodieEN.txt), la categoría gramatical (n.), la definición ("*spicy Spanish cured pork saussage cured with paprika*"), la referencia de la definición (075DMwsCD160911FoodieEN.txt), un ejemplo de uso ("*Spanish pork

189

chorizo for cooking, seasoned with paprika and garlic") y su referencia (015DMwsC-D160629FoodieEN.txt), posibles variantes o sinónimos ("*sausage*") y su referencia (018DMwsCD160629FoodieEN.txt), las colocaciones más frecuentes (*cooking~, fresh~, mild~, smoked~, Spanish~, ~ring*) y la estructura actancial en lengua inglesa (<DESCRIPTOR> <ORIGIN>~<SHAPE> <PURPOSE>) acompañada de un ejemplo ("*Spicy Spanish chorizo ring for cooking*").

5.5.1.2. Pimentón

El segundo ejemplo que presentamos hace referencia a "pimentón", cuyo equivalente, como hemos visto previamente, se corresponde con "*paprika*" en lengua inglesa.

Figura 70. *Captura de pantalla de la entrada de "pimentón" en e-DriMe.*

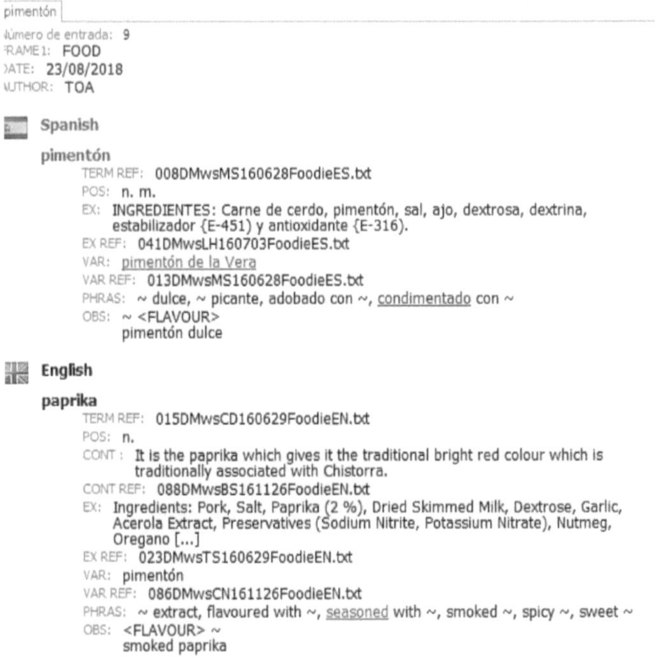

```
pimentón
Número de entrada: 9
FRAME 1: FOOD
DATE: 23/08/2018
AUTHOR: TOA

  Spanish
    pimentón
      TERM REF:  008DMwsMS160628FoodieES.txt
      POS: n. m.
      EX: INGREDIENTES: Carne de cerdo, pimentón, sal, ajo, dextrosa, dextrina,
          estabilizador (E-451) y antioxidante (E-316).
      EX REF:  041DMwsLH160703FoodieES.txt
      VAR: pimentón de la Vera
      VAR REF:  013DMwsMS160628FoodieES.txt
      PHRAS: ~ dulce, ~ picante, adobado con ~, condimentado con ~
      OBS: ~ <FLAVOUR>
           pimentón dulce

  English
    paprika
      TERM REF:  015DMwsCD160629FoodieEN.txt
      POS: n.
      CONT : It is the paprika which gives it the traditional bright red colour which is
             traditionally associated with Chistorra.
      CONT REF:  088DMwsBS161126FoodieEN.txt
      EX: Ingredients: Pork, Salt, Paprika (2 %), Dried Skimmed Milk, Dextrose, Garlic,
          Acerola Extract, Preservatives (Sodium Nitrite, Potassium Nitrate), Nutmeg,
          Oregano [...]
      EX REF:  023DMwsTS160629FoodieEN.txt
      VAR: pimentón
      VAR REF:  086DMwsCN161126FoodieEN.txt
      PHRAS: ~ extract, flavoured with ~, seasoned with ~, smoked ~, spicy ~, sweet ~
      OBS: <FLAVOUR> ~
           smoked paprika
```

Como hemos descrito en la entrada anterior, en primer lugar, ofrecemos el marco semántico que evoca el término y la información de gestión. A continuación, enunciamos el término en español con su equivalente en lengua inglesa. Describimos la categoría gramatical en español (n. m.) y en inglés (n.). En el corpus C-GEFEM en español no hemos encontrado ninguna definición ni contexto definitorio. Sin embargo, sí que hemos encontrado un contexto definitorio en lengua inglesa: "*It is the paprika which gives it the traditional bright red colour which is traditionally associated with chistorra*". Seguidamente, ofrecemos un ejemplo de uso en cada una de las lenguas: en español ("INGREDIENTES: Carne de cerdo, pimentón, sal, ajo, dextrosa, dextrina, estabilizador (E-451) y antioxidante (E-316)") y en inglés (*"Ingredients: Pork, Salt, Paprika (2 %), Dried Skimmed Milk, Dextrose, Garlic, Acerola Extract, Preservatives (Sodium Nitrite, Potassium Nitrate), Nutmeg, Oregano [...]"*). Después, ofrecemos las variantes detectadas en el corpus, en este caso, "pimentón de la Vera" en español, con referencia cruzada a la entrada de dicho término (el color de la fuente es azul o morado subrayado) y el préstamo, *"pimentón"*, en lengua inglesa. En el siguiente campo detallamos la fraseología: "pimentón dulce / picante", "adobado con pimentón" y "condimentado con pimentón" por lo que respecta al español y *"paprika extract"*, *"flavoured with paprika"*, *"seasoned with paprika"*, *"smoked paprika"*, *"spicy paprika"* y *"sweet paprika"* en inglés. Por último, en observaciones (OBS) describimos la estructura actancial, que en español es el término seguido de "<FLAVOUR>" ("pimentón dulce") y en inglés es <FLAVOUR> y el término (*"smoked paprika"*).

5.5.1.3. Condimentado

La última entrada que vamos a mostrar como ejemplo hace referencia a un adjetivo, "condimentado", que se expone en la Figura 71.

Figura 71. Captura de pantalla de la entrada de "condimentado" en e-DriMe.

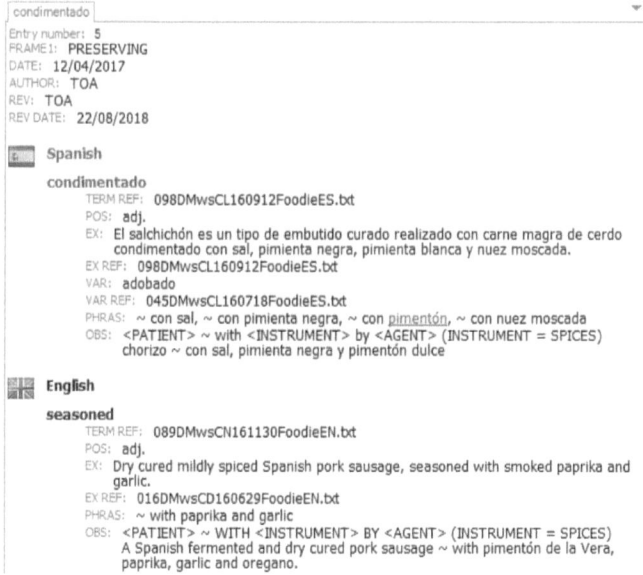

En esta entrada observamos el marco, la información de gestión y el término con su equivalente en lengua inglesa: "condimentado" y "*seasoned*" respectivamente, seguido de la categoría gramatical (adj.) y de un ejemplo de uso: "El salchichón es un tipo de embutido curado realizado con carne magra de cerdo condimentado con sal, pimienta negra, pimienta blanca y nuez moscada" en español y "*Dry cured midly spiced Spanish pork sausage, seasoned with smoked paprika and garlic*" en inglés. A continuación, ofrecemos posibles colocaciones: "condimentado con sal, pimienta negra, nuez moscada" en español y "*seasoned with paprika and garlic*" en inglés. Después, se indica la estructura actancial, que en español se corresponde con "<PATIENT>~with <INSTRUMENT> by <AGENT> (INSTRUMENT = SPICES) y un ejemplo de dicha estructura: "chorizo condimentado con sal, pimienta negra y pimentón dulce". Por lo que respecta a la lengua inglesa, la estructura actancial de este término sería "<PATIENT>~with <INSTRUMENT> by <AGENT> (INSTRUMENT = SPICES)", que se pone de manifiesto en el siguiente ejemplo: "*a Spanish fermented and dry cured pork sausage seasoned with Pimentón de la vera, paprika, garlic and oregano*".

5.5.2. Los marcos semánticos

Una vez que hemos mostrado la configuración de las entradas de e-DriMe a partir de varios ejemplos, solo nos queda explicar cómo hemos aplicado la metodología para diseñar los marcos. Partimos de la hipótesis propuesta por L'Homme *et al.* (2014): "*terms sharing argument structures in specific subject fields (along with other lexico-semantic properties) evoke semantic frames*". Además, los términos, es decir, denominaciones que se utilizan para nombrar conceptos, no pueden entenderse independientemente del marco que evocan.

En primer lugar, hemos extraído los contextos (entre 15 y 20 contextos) y los hemos anotado siguiendo la metodología de Ruppenhofer *et al.* (2016) indicando el término, los participantes, el rol semántico, la función sintáctica y el grupo sintáctico. Mostramos un ejemplo de la anotación del rol actancial, que nos servirá para determinar el marco que evoca un término:

a. **CHORIZO extra**$_{[Descriptor]}$ **en lonchas**$_{[Shape]}$
b. **SALCHICHÓN ibérico**$_{[Origin]}$ **lonchado**$_{[Shape]}$
c. Ingredientes: Carne de cerdo extra, **PIMENTÓN de la Vera** $_{[Origin]}$, ajo y sal.
d. **Smoked**$_{[Curation]}$ **cooking**$_{[Purpose]}$ **CHORIZO**

e. A selection of **Spanish**[Origin] **dry cured**[Curation] CHORIZO, PORK LOIN and **Serrano**[Origin] HAM.
f. Ingredients: Pork, **PAPRIKA**, Lactose (MILK), [...].
g. Ingredients: Pork, Salt, **Smoked**[Curation] **PAPRIKA** (2 %) [...].

Una vez anotados los contextos, en los ejemplos anteriores podemos apreciar que estos elementos comparten una serie de propiedades léxico semánticas, por ejemplo, un mismo número de argumentos y, además, argumentos de la misma naturaleza.

A continuación, hemos consultado FrameNet para verificar si los términos seleccionado aparecen en este recurso. Hemos comprobado que *"chorizo"*, *"paprika"* y *"sausage"* no aparecen recogidos en en FrameNet, pero sí que está indexado el término *"pepper"*, como se muestra en la Figura 72.

Figura 72. Indexación de "pepper" en FrameNet[43].

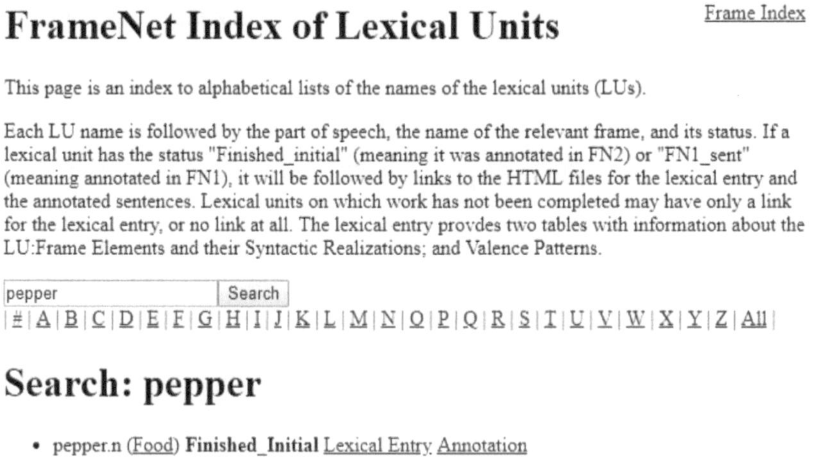

FrameNet Index of Lexical Units

Frame Index

This page is an index to alphabetical lists of the names of the lexical units (LUs).

Each LU name is followed by the part of speech, the name of the relevant frame, and its status. If a lexical unit has the status "Finished_initial" (meaning it was annotated in FN2) or "FN1_sent" (meaning annotated in FN1), it will be followed by links to the HTML files for the lexical entry and the annotated sentences. Lexical units on which work has not been completed may have only a link for the lexical entry, or no link at all. The lexical entry provdes two tables with information about the LU:Frame Elements and their Syntactic Realizations; and Valence Patterns.

| pepper | Search |

| A | B | C | D | E | F | G | H | I | J | K | L | M | N | O | P | Q | R | S | T | U | V | W | X | Y | Z | All |

Search: pepper

- pepper.n (Food) **Finished_Initial** Lexical Entry Annotation

En consecuencia, el marco <FOOD> existe en FrameNet. La descripción de dicho marco semántico según FrameNet se muestra en la Figura 73.

---

43 https://framenet.icsi.berkeley.edu/fndrupal/frameIndex [Fecha de consulta: 07/02/2019].

Figura 73. Marco semántico de <FOOD> según FrameNet.

Food

Definition:

This frame contains words referring to items of food.
Specialties include deep fried shredded beef, duck, prawn dishes and hand-made NOODLES.

Semantic Type: Physical_object

FEs:

Core:

Food []

Non-Core:

Constituent_parts [con]   A part of the Food.
                           You'd be surprised, but it was hard to eat a BANANA with such a thick peel.

Descriptor [Desc]   This FE indicates a characteristic or description of the food.
                           She drinks low-fat MILK.

Type [Type]   This FE identifies a particular Type of the food item.
                           cooking APPLE

                           Granny Smith APPLE

Detectamos que la descripción ofrecida en FrameNet de este marco semántico es demasiado general, así que basándonos en dicha descripción nos vemos obligados a adaptarla a las necesidades del área de conocimiento específica en la que trabajamos, la agroalimentación. El resultado se ofrece en la Tabla 34.

Tabla 34. Marco semántico relativo a <FOOD>.

Name	FOOD		
Definition	Edible items		
Core elements	Food		
Non-core elements	<CURATION>	cured, dried, fresco, fresh, smoked	fresh chorizo, smoked chorizo, smoked paprika
	<DESCRIPTOR>	dulce, hot, picante	chorizo picante, pimentón dulce

Name	FOOD		
	<SHAPE>	en lonchas, ristra, *sliced*, troceado	ristra de chorizo, *sliced chorizo*
	<ORIGIN>	Ibérico, *Spanish*, de la Vera	Pimentón de la Vera, *Spanish chorizo sausage*
	<PURPOSE>	*for cooking*, para cocinar	*chorizo for cooking*
Lexical units	chorizo, lomo, *paprika*, pimentón, *sausage*, salchichón		

En la Tabla 34 se puede observar que mantenemos la denominación del marco semántico propuesta por FrameNet, pero hemos modificado ligeramente la definición, puesto que en FrameNet se propone "*This frame contains words referring to items of food*" y nosotros optamos por definirlo como "*Edible items*". Incluimos los participantes, que se dividen en dos grupos: obligatorios, que en este caso son los alimentos, y los opcionales, que pueden hacer referencia a la curación, a la descripción, a la forma, al origen o a la finalidad, como se recogen en la tabla en ambas lenguas. Por último, mostramos las unidades léxicas que evocan este marco semántico en las dos lenguas de trabajo, inglés y español.

Una vez descrita la estructura actancial, se deduce que tanto "chorizo" como "pimentón" cumplen desde el punto de vista léxico semántico con los parámetros que definen este marco y, en consecuencia, lo aluden. De hecho, para comprobar si una unidad léxica o término alude a un marco semántico, en primer lugar, hemos verificado si las nuevas unidades cumplen con los patrones descritos dentro del marco y, si así es, se incluyen en él.

Por lo que respecta al tercero de los términos recogidos en e-DriMe que hemos ejemplificado, "condimentado", este término alude al marco <PRESERVING>. Para incluir este término en el marco, primeramente, hemos rediseñado el marco. Para ello, hemos revisado cómo se describe en FrameNet. Los resultados de dicha comprobación se ofrecen en la Figura 74.

Figura 74. Marco semántico de <PRESERVING> según FrameNet[44].

Preserving

Definition:

In this frame an Agent preserves a Patient in order to prevent it from decaying. A Medium may be used.
Bill MUMMIFIED John.

Tess PICKLED the beets in vinegar.

The Smiths DRIED the apples.

FEs:

Core:

Agent [Agt] Semantic Type: Sentient	The Agent is the person performing the intentional act that leads to the preservation. Arlene PICKLED the cucumbers.
Medium [Med]	Medium is the substance in which the Patient might be submerged to be preserved. Tess PICKLED the beets in vinegar.
Patient [Pat]	The Patient is organic matter that undergoes the preservation. Tess PICKLED the beets in vinegar.

Non-Core:

Degree [Deg] Semantic Type: Degree	The extent to which the Patient is preserved from decaying. The corpse had been MUMMIFIED completely.
Depictive [Depict]	The Depictive phrase describing one of the participants. The herring was CURED with its innards still inside it.
Duration [Dur] Semantic Type: Duration	The amount of Time for which the process of Preserving is ongoing. ...oak CURED for eight years.
Instrument [Ins] Semantic Type: Physical_entity	The Instrument with which an Agent performs the Preserving.
Manner [Mnr] Semantic Type: Manner	The Manner in which the Agent preserves the Patient. Jake painstakingly EMBALMED the next body.
Means [Means] Semantic Type: State_of_affairs	The Means by which the Agent preserves the Patient. Hannah CURED the shrimp by injecting them with brine. This salami was CURED naturally in salt.
Place [Place] Semantic Type: Locative_relation	The Place where the preserving occurs. Mr. Amber EMBALMED the woman's body in Turkey in 1922.
Purpose [Purp] Semantic Type: State_of_affairs	The Purpose for which the Agent preserves the Patient. Jude PICKLED the onions to increase their potency.
Result [Result]	Result of an action.
Time [Time] Semantic Type: Time	The Time when the Agent preserves the Patient. Mr. Amber EMBALMED the woman in Turkey in 1922.

---

44 https://framenet.icsi.berkeley.edu/fndrupal/frameIndex [Fecha de consulta: 07/02/2019].

A partir de la anotación de contextos, hemos desarrollado el marco observando los elementos obligatorios y opcionales en dichos contextos anotados, como se puede apreciar en la siguiente muestra:

a. El **salchichón**[Patient] es un tipo de embutido curado realizado con carne magra de cerdo **CONDIMENTADO con sal, pimienta negra, pimienta blanca y nuez moscada**[Instrument]'
b. El chorizo riojano es un embutido curado al aire que está elaborado a partir de **carne de cerdo**[Patient] picada y **ADOBADA con pimentón de la Vera, ajo y sal**[Instrument]'
c. **Spanish pork chorizo for cooking**[Patient], SEASONED with paprika and garlic[Instrument]'
d. **This dry cured Spanish pork sausage**[Patient], is mildly spiced & SEASONED with paprika and garlic[Instrument]'

En primer lugar, hemos adaptado la definición al campo agroalimentario, puesto que en FrameNet se propone "*In this frame an Agent preserves a Patient in order to prevent it from decaying. A Medium may be used*" y ofrecen una serie de ejemplos, tales como "*Bill mummified John*" o "*Tess pickled the beets in vinegar*". Puesto que consideramos que esta definición está hecha para aplicarse a la lengua general, hemos procedido a adaptarla a nuestro campo: "*An <AGENT> causes a <PATIENT> to remain in a good state*".

Tabla 35. *Marco semántico relativo a <PRESERVING>.*

Name	PRESERVING		
Definition	An <AGENT> causes a <PATIENT> to remain in a good state.		
Core elements	<AGENT>	Man	
	<PATIENT>	<FOOD>	El chorizo se condimenta con especias.
Non-core elements	<INSTRUMENT>	pimienta, *pepper*, sal, *salt*	Adobado con sal, pimienta y pimentón.
	<DURATION>	durante ~, *for* ~	Se deja macerar y después se embute en tripa natural, colgándolo para su curado al aire durante varios días.
Lexical units	Adobar, adobado, condimentado, condimentar, *season, seasoned, seasoning.*		

197

A continuación, hemos detallado los participantes obligatorios y opcionales. En este campo, por ahora, no hemos necesitado incluir el <MEDIO>, ni muchos de los elementos opcionales propuestos en FrameNet. Además, nos gustaría dejar constancia de que el agente que realiza la acción suele omitirse en las oraciones porque siempre es un humano y quien recibe la acción, el paciente, es siempre un alimento. Asimismo, los elementos opcionales típicos de este marco semántico en el campo agroalimentario se corresponden con los instrumentos y la duración. Por último, incluimos varias unidades léxicas que cumplen con los requisitos para formar parte de este marco semántico.

Dado que el marco <PRESERVING> hace referencia a un proceso, consideramos que mantiene relación semántica con otros marcos. Comprobamos las relaciones de este marco en FrameNet, que se muestran en la Figura 75.

Figura 75. Relaciones entre marcos de <PRESERVING> según FrameNet[45].

Frame-frame Relations:

Inherits from: Processing_materials
Is Inherited by:
Perspective on:
Is Perspectivized in:
Uses:
Is Used by:
Subframe of:
Has Subframe(s):
Precedes:
Is Preceded by:
Is Inchoative of:
Is Causative of:
See also:

Como se desprende de la observación de la Figura 75, FrameNet categoriza el marco <PRESERVING> como submarco de <PROCESSING MATERIALS>. Sin embargo, estimamos que, en el campo agroalimentario, esta relación es demasiado amplia. De hecho, consideramos que el marco <PRESERVING> es un submarco de otro marco más amplio, que es, en nuestro caso, <MANUFACTURING>, y dentro de este último marco podrían englobarse los distintos procesos de elaboración y producción de los embutidos, como se muestra en la Figura 76.

---

45 https://framenet.icsi.berkeley.edu/fndrupal/frameIndex [Fecha de consulta: 07/02/2019].

Figura 76. Relaciones entre marcos de <PRESERVING> en e-DriMe.

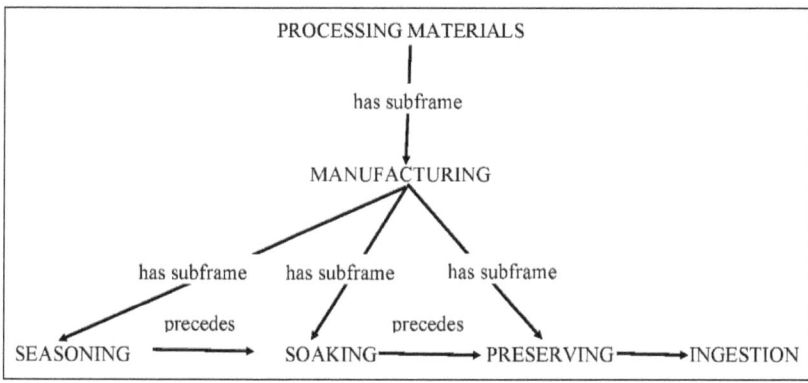

Además, tras realizar un análisis del conocimiento de este campo del saber, observamos que este marco forma parte de un proceso, pues el producto pasa, previamente, por la fase de adobado o marinado, a continuación, conservación y, finalmente, ingesta, como se muestra en la Figura 76.

Para finalizar, nos gustaría dejar constancia de que e-DriMe es un diccionario en construcción, que actualmente cuenta con 30 entradas, está en constante actualización y se están diseñando nuevos marcos para construir una red de marcos semánticos relacionados, en un primer momento, con los embutidos, siguiendo el modelo de otros proyectos como FrameNet, Ecolexicon o DiCoEnviro.

No obstante, nos gustaría explicar que se diferencia de otros recursos especializados en los que predomina la información enciclopédica o, en algunos casos, de naturaleza conceptual, en tanto que nuestra propuesta de e-DriMe ofrece una descripción completa de las propiedades léxicas y semánticas de los términos y, además, proporciona información sobre el comportamiento lingüístico de los términos; es decir, ofrece la estructura actancial con los actantes semánticos etiquetados con un sistema de roles (agente, paciente, etc.) (L'Homme 2010, 2014a, 2014b). Asimismo, e-DriMe describe el marco de los términos y su relación con otros términos a través de la fraseología. Esta característica puede ser muy útil para el desarrollo de los lenguajes controlados a la hora de desarrollar aplicaciones de ayuda a la redacción como GEFEM.

6. Conclusiones

Los avances que se han producido recientemente en la Lingüística de Corpus han contribuido muy positivamente a que los Estudios de Traducción e Interpretación se hayan convertido en la disciplina que son hoy.

Su incorporación en esta disciplina ha propiciado la gestión rigurosa de grandes volúmenes textuales para el análisis de procedimientos y de técnicas traductológicas, pero también para la implementación de aplicaciones orientadas a la gestión, al análisis y a la explotación textual multilingüe.

Así pues, en las últimas décadas las diferentes vertientes de los Estudios de Traducción e Interpretación se han beneficiado de los fundamentos teóricos y de la metodología de análisis que ofrece la Lingüística de Corpus, pues a partir de datos empíricos, hemos podido obtener, de forma sistemática, rigurosa y fiable, resultados que van sumando y aumentando el conocimiento en este ámbito del saber.

En este marco, con nuestro estudio, realizado a partir del análisis y de la explotación de dos corpus compuestos por textos reales que cumplen con una serie de estándares en lo relativo al diseño, a la organización y a la gestión, hemos pretendido contribuir al "avance cuantitativo y cualitativo de la disciplina" (Corpas Pastor, 2008: 216) y, además, favorecer una profunda revisión de los fundamentos teóricos, las aplicaciones e, incluso, el inventario de recursos propios.

De hecho, sin los avances de la Lingüística de Corpus este estudio no hubiese sido posible, puesto que hemos utilizado técnicas y herramientas de tratamiento textual novedosas para la codificación, el análisis, el etiquetado y la explotación de grandes cantidades de información. Además, la aplicación de una metodología basada en corpus nos ha permitido obtener una serie de resultados que nos facultan a afirmar que hemos alcanzado el objetivo general propuesto, abordar desde una perspectiva contrastiva en las lenguas española e inglesa un determinado género textual: las fichas descriptivas de embutidos.

A pesar de la importancia que tiene una buena traducción de las fichas descriptivas de embutidos para favorecer la internacionalización de los productos del sector cárnico y del valor de las industrias agroalimentarias en el ámbito rural como motores económicos que ofrecen empleo y fijan población en las áreas escasamente pobladas del Sur de Europa (*SSPA*), hemos sido testigos de los obstáculos lingüísticos que es necesario solucionar a la mayor brevedad posible para potenciar con garantías en el mercado exterior los mencionados productos de las pequeñas y medianas empresa, de manera que estas puedan exportarlos con plenas garantías y con la excelencia lingüística que merecen.

Además, en nuestra opinión, el presente trabajo ha contribuido al estudio de un género textual que ha recibido poca atención por parte de los investigadores: las fichas descriptivas de embutidos. Hemos comenzado definiendo qué es el género textual, puesto que hasta la fecha no existe consenso para delimitar las características de este concepto y hemos intentado desambiguar la relación que guarda con los conceptos de "registro", "tipo textual" y "clase textual". Asimismo, hemos detallado las particularidades del género textual de las fichas descriptivas de embutidos y hemos determinado la situación comunicativa en la que se utilizan.

Para conseguir que una traducción cumpla con los patrones de comportamiento de la lengua y de la cultura meta, es necesario conocer tanto las similitudes como las diferencias del género textual en el que se clasifica el texto a traducir en la lengua y en la cultura tanto origen como meta. Por tanto, consideramos que este trabajo puede resultar útil no solo a los traductores de este campo del saber, sino también a las empresas del sector cárnico que diseñan fichas descriptivas de sus productos para los consumidores anglófonos.

En este sentido, consideramos que la principal aportación de este trabajo a la investigación se corresponde con los resultados derivados del contraste de este género textual en las lenguas española e inglesa, que nos ha permitido, por un lado, delimitar los rasgos propios de este género textual en ambas lenguas y, por otro, comprobar que las fichas descriptivas de producto traducidas son calcos de sus homólogas en español y no suelen incorporar las convenciones propias de la lengua y de la cultura anglófona.

Además, hemos desarrollado un planteamiento de estudio que puede servir de modelo metodológico para ser aplicado en otros géneros textuales típicos del sector socioeconómico de la agroalimentación e, incluso, de otros sectores.

Por lo que respecta a la estructura retórica, constatamos que, si las empresas cárnicas españolas se limitan a traducir el contenido del español al inglés, las fichas descriptivas de embutidos no funcionarán en el contexto comunicativo anglosajón porque la estructura retórica de este género no es idéntica en ambas lenguas, tal y como ocurre en otros géneros en el par de lenguas inglés-español (Valero-Garcés, 1996: 279; Labrador *et al.*, 2014: 43). En esta línea, los resultados que hemos ofrecido en el Capítulo 4 proporcionan a los usuarios patrones retóricos que pueden ayudarles serles de utilidad a la hora de redactar fichas descriptivas de embutidos en lengua inglesa si no están familiarizados con este género textual.

Asimismo, los resultados obtenidos revelan la necesidad de sensibilizar y formar a los traductores y redactores en las singularidades que tienen los distintos géneros en las lenguas española e inglesa para lograr que la comunicación especializada en este ámbito sea lo más completa y precisa posible. Dado que la estructura retórica varía considerablemente entre lenguas española e inglesa, es necesario que los traductores y redactores que trabajan en la industria cárnica sean conscientes y tengan en cuenta estas variaciones. En consecuencia, deberían adaptar las fichas descriptivas de embutidos a la lengua de llegada durante el trasvase interlingüístico de la información para que las pequeñas y medianas empresas del sector cárnico puedan potenciar la exportación de sus productos en el mercado exterior y competir sabiendo que la calidad de sus embutidos, dadas las materias primas y el proceso de elaboración que configuran su prestigio, se vean refrendados en la excelencia lingüística de los textos que acompañan a dichos productos y que son, en muchas ocasiones, la primera toma de contacto para el consumidor y la variable que le hace decantarse por un producto u otro.

En relación con la terminología, que ha sido el objeto de análisis en el Capítulo 5, los resultados ponen de relieve que las colocaciones que se emplean con los términos pertenecientes al campo de los embutidos al redactar un texto originalmente en lengua inglesa difieren de las utilizadas en las traducciones del español al inglés. En este último caso, se tiende a emplear la técnica de la traducción literal y, sin embargo, en la lengua inglesa prima el uso de las generalizaciones y de las supresiones para potenciar la comprensión del usuario de esta lengua. Por tanto, resulta evidente la necesidad de incorporar los corpus comparables como recursos documentales a la hora de traducir las fichas descriptivas de embutidos del español al inglés, así como favorecer el uso generalizado de estos recursos en la formación académica de los futuros profesionales en este campo, dado que, en nuestra opinión, su uso no debe enfocarse como una posible opción, sino más bien como un requisito *sine qua non*. También consideramos que deberían incorporarse contenidos relacionados con la traducción para el sector agroalimentario en los planes de estudio del Grado en Traducción e Interpretación en las universidades públicas españolas. A pesar de la importancia de este campo en el desarrollo económico de España, tan solo Universidad de Córdoba incorpora estos contenidos en sus planes de estudio a través de asignaturas optativas (Rivas Carmona y Veroz González, 2018: VII).

Por otro lado, los patrones de comportamiento encontrados evidencian algunos usos sorprendentes de la lengua inglesa en las versiones en inglés de las fichas descriptivas de embutidos publicadas en las páginas web españolas, lo que plantea la necesidad urgente de colaborar con las empresas del sector agroalimentario para que ajusten la calidad lingüística de sus páginas web al nivel de excelencia de los productos a los que pretenden dotar de visibilidad internacional, precisamente en un mercado globalizado en el que la calidad del producto requiere una presentación excelente y acorde con el alto poder adquisitivo de los consumidores, quienes esperan, además de la calidad del producto, una descripción y presentación del mismo en consonancia con su nivel cultural y económico. En este sentido, entendemos que la transferencia de los resultados de nuestra investigación a este sector puede revertir facilitando a dicho sector una producción ágil y de calidad de los textos que necesitan en lengua inglesa, lo que sin duda redundaría en un incremento del valor añadido de sus productos.

Otro de nuestros objetivos hacía referencia a recopilar, presentar y sistematizar la terminología del campo de los embutidos, así como desarrollar una base de datos bilingüe que sirviese para la consulta, la corrección y la redacción de textos, la traducción e, incluso, para la estandarización de la terminología perteneciente al sector de los embutidos. Este objetivo se ha visto culminado con el diseño y el comienzo de compilación de e-DriMe, no solo como recurso, sino también por la metodología innovadora que hemos empleado para elaborarlo, que se fundamenta en los principios de la teoría funcional de la lexicografía (Bergenholtz y Tarp, 2002, 2003) y en la semántica de marcos (Fillmore, 1976; Fillmore y Baker, 2010). E-DriMe se caracteriza por recoger información no solo lingüística, sino también conceptual para definir los conceptos denominados a través de términos que denotan no solo entidades, sino también procesos, eventos y propiedades del campo de los embutidos. Además, esta metodología puede aplicarse a otros campos y temáticas, así como a otras lenguas, y permite representar escenarios conceptuales.

Por un lado, la identificación de los patrones de comportamiento fraseológicos y su inclusión en el diseño y compilación de e-DriMe hacen que esta herramienta sea de gran utilidad para los redactores y los traductores, pero, además, para los desarrolladores de aplicaciones basadas en el PLN que pueden integrarla en las herramientas de asistencia a la redacción semiautomática como GEFEM, en herramientas de traducción asistida por ordenador y en el entrenamiento de los motores de traducción automática neuronal para estandarizar la terminología.

Por otro lado, las lenguas de especialidad se utilizan en diferentes situaciones comunicativas y, en ocasiones, emisores y receptores no comparten el mismo contexto situacional ni el mismo grado de experiencia y conocimiento del campo, lo que justifica la necesidad de desarrollar herramientas que esclarezcan el significado del conocimiento especializado a una audiencia más amplia. Así pues, e-DriMe propone tener una función denominativa y definitoria en el campo de los embutidos para que la comunicación se pueda producir de forma efectiva y, además, hacer posible para la industria agroalimentaria y los consumidores que con la consulta y la utilización de e-DriMe puedan tener tengan acceso a la cultura de los embutidos y, más específicamente, a su producción y a sus características.

Por lo que respecta al futuro, nos gustaría aumentar el número de entradas de e-DriMe. Aunque actualmente es arriesgado evaluar cuántos marcos semánticos será necesario desarrollar para cubrir todas las situaciones, somos optimistas y consideramos que la metodología que hemos empleado es adecuada para desarrollar más marcos, con el fin de implementar la herramienta incluyéndola en herramientas de asistencia a la redacción del PLN.

Además, nos gustaría abordar otros campos relacionados con el embutido, como por ejemplo, el torrezno de Soria, o el jamón serrano, por dos razones: en primer lugar, por la importancia que estos productos tienen para los consumidores extranjeros y, en segundo lugar, para atender y satisfacer las necesidades de las pequeñas y medianas empresas de la zona rural en la que actualmente estamos trabajando, con el objetivo de que la investigación que estamos realizando pueda transferirse a nuestro sector empresarial próximo y, así, se potencien las zonas rurales en riesgo de despoblación.

Para finalizar, consideramos que este trabajo contribuye a definir el género de las fichas descriptivas de embutidos, proporciona una guía para los traductores y redactores multilingües que tengan que producir textos pertenecientes a este género textual en las lenguas española e inglesa y, por último, tiene como germen una base de datos terminológica bilingüe (e-DriMe) que permitirá, en gran medida, la regulación de la terminología de este campo del saber y podrá emplearse como recurso para resolver la dificultades que surjan a traductores y redactores multilingües en el proceso del trasvase interlingüístico.

Referencias

Anthony, Laurence. 2018. *AntConc (Version 3.5.7) [Computer Software]*. Tokyo, Japan: Waseda University. Versión electrónica: http://www.laurenceanthony.net/software (Fecha de consulta: 17/03/2018).

Arce Romeral, Lorena y Seghiri, Míriam. En prensa. "Diseño de plantillas de redacción y traducción al inglés (variedades británica y estadounidense) de contratos de compraventa de viviendas basadas en corpus". En Míriam Seghiri (Ed.), *La lingüística de corpus aplicada al desarrollo de la competencia tecnológica en los estudios de traducción e interpretación y la enseñanza de segundas lenguas*. Berlin: Peter Lang, 69–106.

Austermühl, Frank. 2001. *Electronic Tools for Translators*. Manchester: St. Jerome.

Baker, Mona. 1993. "Corpus linguistics and Translation Studies: Implications and applications". En Mona Baker, Gill Francis y Elena Tognini-Bonelli (Eds.), *Text and Technology: In honor of John Sinclair*. Amsterdam / Philadelphia: John Benjamins.

Beeby, Allison; Rodríguez Inés, Patricia y Pilar Sánchez-Gijón. 2009. *Corpus Use and Translating*. Ámsterdam / Filadelfia: John Benjamins, 75–107.

Bergenholtz, Henning y Sven Tarp. 2002. "Die moderne lexikographische Funktionslehre. Diskussionsbeitrag zu neuen und alten Paradigmen, die Wörterbücher als Gebrauchsgegenstände verstehen". *Lexicographica* 18: 253–263.

Bergenholtz, Henning y Sven Tarp. 2003. "Two opposing theories: On H.E. Wiegand's recent discovery of lexicographic functions". *Hermes. Journal of Linguistics* 31: 171–196.

Bhatia, Vijay K. 1993. *Analysing Genre: Language Use in Professional Settings*. London: Longman.

Bhatia, Vijay K. 2004. *Words in Written Discourse*. London: Continuum.

Biber, Douglas 2012. "Register and discourse analysis". En James Paul Gee y Michael Handford (Eds.), *Routledge Handbook of Discourse Analysis*. New York: Routledge, 191–208.

Biber, Douglas; Johansson, Stig; Leech, Geoffrey; Conrad, Susan y Edward Finegan. 1999. *Longman Grammar of Spoken and Written English*. London: Pearson Education.

Biber, Douglas; Connor, Ulla y Thomas A. Upton. 2007. *Discourse on the Move. Using Corpus Analysis to Describe Discourse Structure*. Amsterdam: John Benjamins. DOI:10.1075/scl.28

Borja Albi, Anabel. 2007a. "Corpora for Translators in Spain. The CDJ-GITRAD Corpus and the GENTT Project". En Gunilla Anderman y Margaret Rogers (Eds.), *Incorporating Corpora. The Linguist and the Translator*. Clevendon / Buffalo / Toronto: Multilingual Matters, LTD., 243–265.

Borja Albi, Anabel. 2007b. *Estrategias, materiales y recursos para la traducción jurídica inglés-español*. Castellón: Universitat Jaume I, Servei de comunicación i Publicacions.

Bowker, Lynne. 2002. *Computer-Aided Translation Technology: A Practical Introduction*. Ottawa: University of Ottawa Press.

Bowker, Lynne, and Jennifer Pearson. 2002. *Working with Specialized Language. A Practical Guide to Using Corpora*. London and New York: Routledge.

Bowker, Lynne. 2015. "Terminology and Translation". En Hendrik J. Kockaert y Frida Steurs (Eds.), *Handbook of Terminology. Volume 1*. Amsterdam / Philadelphia: John Benjamins, 304–323.

Castellano Martínez, José María. 2018. "Terminología y olivicultura (francés-español): fundamentos teóricos y culturales para la traducción". En María del Mar Rivas Carmona and María Zahara Veroz González (Eds.), *Agroalimentación: lenguajes de especialidad y traducción*. Granada: Comares, 31–46.

Castillo Bernal, María Pilar. 2018. "Terminology and features of German mobile apps for the commercialisation of wine: the translator's perspective". En María del Mar Rivas Carmona and María Zahara Veroz González (Eds.), *Agroalimentación: lenguajes de especialidad y traducción*. Granada: Comares, 47–60.

Ciapuscio, Guiomar e Inés Kuguel. 2002. "Hacia una tipología del discurso especializado: aspectos teóricos y aplicados". En Joaquín García Palacios y María Teresa Fuentes Morán (Eds.), *Entre la terminología, el texto y la traducción*. Salamanca: Almar, 37–73.

Conde, Tomas. 2014. "Traducción, géneros textuales y enfoques cognitivos". *Hermēneus Revista de Traducción e Interpretación* 16: 85–106. Disponible en http://www5.uva.es/hermeneus/hermeneus/16/arti02_16.pdf (Fecha de consulta: 16 de diciembre de 2018).

Corpas Pastor, Gloria. 2001. "Compilación de un corpus ad hoc para la enseñanza de la traducción inversa especializada". *TRANS. Revista de Traductología* 5: 155–184.

Corpas Pastor, Gloria. 2004. "Localización de recursos y compilación de corpus vía Internet: Aplicaciones para la didáctica de la traducción médica especializada". En Consuelo Gonzalo García y Valentín García Yebra (Eds.), *Manual de documentación y terminología para la traducción especializada*. Madrid: Arco Libros, 223–257.

Corpas Pastor, Gloria. 2008. *Investigar con corpus en traducción: los retos de un nuevo paradigma*. Frankfurt am Main: Peter Lang.

Corpas Pastor, Gloria. 2012. "Corpus, Tecnología y Traducción". En María García Antuña (Ed.), *XII Jornadas de Lingüística*. Cádiz: Servicio de Publicaciones de la Universidad de Cádiz, 2–21.

Corpas Pastor, Gloria y Míriam Seghiri. 2009. "Virtual Corpora as Documentation Resources: Translating Travel Insurance Documents (English-Spanish)". En Allison Beeby, Patricia Rodríguez Inés y Pilar Sánchez-Gijón (Eds.), *Corpus Use and Translating*. Ámsterdam / Filadelfia: John Benjamins, 75–107.

Corpas Pastor, Gloria y Míriam Seghiri. 2010. "Size Matters: A Quantitative Approach to Corpus Representativeness". En Rosa Rabadán *et al*. (Eds.), *Lengua, traducción, recepción: en honor de Julio César Santoyo*. León: Universidad de León, Área de Publicaciones, 111–145.

Corpas Pastor, Gloria y Míriam Seghiri. 2017. *Corpus-based Approaches to Translation and Interpreting. From Theory to Applications*. Viena: Peter Lang.

Cristobalena Frutos, Araceli. 2016. *Análisis contrastivo inglés-español de los manuales de instrucciones de electrodomésticos / English-Spanish contrastive analysis of instruction manuals for household appliances*. Tesis doctoral. León: Universidad de León. Disponible en https://buleria.unileon.es/handle/10612/5728 (Fecha de consulta: 10 de noviembre de 2018).

De Schryver, Gilles-Maurice. 2003. "Lexicographers' Dreams in the Electronic-Dictionary Age". *International Journal of Lexicography* 16 (2): 143–199. DOI: https://doi.org/10.1093/ijl/16.2.143

Dolbey, Andrew; Ellsworth, Michael y Jan Scheffczyk. 2006. "BioFrameNet: A Domain-Specific FrameNet Extension with Links to Biomedical Ontologies". En *KR-MED 2006 Biomedical Ontology in Action*. Baltimore, Maryland.

Drouin, Patrick. 2003. "Term extraction using non-technical corpora as a point of leverage". *Terminology* 9 (1): 99–117.

Durán Muñoz, Isabel y José del Moral Álvarez. 2014. "Competencia documental para la traducción agroalimentaria EN-ES: fuente de información y su evaluación". *Skopos* 5: 45–57.

EAGLES. 1996. *Preliminary Recommendations on Corpus Typology*. Documento técnico EAGLES EAG-TCWG-CTYP/P. Recuperado de http://www.ilc.cnr.it/EAGLES/corpustyp/corpustyp.html (Fecha de consulta: 17 de marzo de 2019).

Eggins, Suzanne y James Robert Martin. 2000. "Géneros y registros del discurso". En Teun A. van Dijk (Coord.), *El discurso como estructura y proceso*. Barcelona: Gedisa.

Eggins, Suzanne y James Robert Martin. 2003. "El contexto como género: una perspectiva lingüística funcional". *Revista Signos* 36 (54): 185–205. DOI: http://dx.doi.org/10.4067/S0718-09342003005400005

Epstein, Brett Jocelyn. 2009. "What's Cooking: Translating Food". *Translation Journal*, 13 (3). Disponible en: https://translationjournal.net/journal/49cooking.htm (Fecha de consulta: 22 de diciembre de 2018).

Ezpeleta, Pilar. 2008. "El Informe Técnico. Estudio y Definición del Género Textual". En Luis Pegenaute, Janet DeCesaris y Merce Tricas (Eds.), *La Traducción del Futuro: Mediación Lingüística y Cultural en el Siglo XXI. Actas del III Congreso de AIETI*. Barcelona: Universitat Pompeu Fabra, 429–438.

Faber, Pamela. 2012. *A Cognitive Linguistics View of Terminology and Specialized Language*. Berlin / Boston: De Gruyter Mouton.

Faber, Pamela. 2015. "Frames as a Framework for Terminology". En Hendrick J. Kockaert y Frida Steurs (Eds.), *Handbook of Terminology. Volume 1*. Amsterdam: John Benjamins, 14–33.

Faya Ornia, Goretti. 2014. "Revisión y propuesta de clasificación de corpus". *Babel* 60 (2): 234–252.

Fillmore, Charles J. 1976. "Frame semantics and the nature of language". En *Annals of New York Academy of Sciences: Conference on the Origin and Development of Language of Speech 280*: 20–32.

Fillmore, Charles J. y Collin Baker, 2010. "A frames approach to semantic analysis." En Bern Heine y Heiko Narrog (Eds.), *The Oxford Handbook of Linguistic Analysis*. Oxford: Oxford University Press, 313–339.

Fletcher, William. H. 2004. "Facilitating the Compilation and Dissemination of Ad-Hoc Web Corpora". En Guy Aston, Silvia Bernardini y Dominic Steward (Eds.), *Corpora and Language Learners*. Amsterdam: John Benjamins, 273–300. DOI: https://doi.org/10.1075/scl.17.21fle

Gamero Pérez, Silvia. 2001. *La traducción de textos técnicos*. Barcelona: Ariel.

García Izquierdo, Isabel. 2000. "The Concept of Text Type and its Relevance to Translator Training". *Target* 12 (2): 283–295.

García Izquierdo, Isabel. 2002. "El género: plataforma de confluencia de nociones fundamentales en didáctica de la traducción". *Discurso, Série Estudos de Tradução* 2: 13–21.

García Izquierdo, Isabel. 2007. "Los géneros y las lenguas de especialidad". En Enrique Alcaraz (Ed.), *Las lenguas profesionales y académicas*. Barcelona/Alicante: Ariel /IULMA, 119–125.

García Izquierdo, Isabel. 2009. *Divulgación Medica y Traducción. El Género Información para Pacientes*. Bern: Peter Lang.

García Izquierdo, Isabel. 2012. *Competencia textual para la Traducción.* Valencia: Tirant Humanidades.

Gläser, Rosemarie. 1990. *Fachtextsorten im Englishchen.* Tubinga: Narr.

Gläser, Rosemarie. 1995. *Linguistic Features and Genre Profiles of Scientific English.* Frankfurt: Peter Lang.

Granger, Sylviane. 2003. "The Corpus Approach: A Common Way Forward for Contrastive Linguistics and Translation Studies?". En Sylviane Granger, Jacques Lerot, y Stephanie Petch-Tyson (Eds.), *Corpus-based Approaches to Contrastive Linguistics and Translation Studies.* Amsterdam y Nueva York: Editions Rodopi, 17–30.

Gries, Stefan T. 2008. "Phraseology and linguistic theory: A brief survey". En Sylviane Granger y Fanny Meunier (Eds.), *Phraseology. An Interdisciplinary Perspective.* Amsterdam: John Benjamins, 3–26. DOI: https://doi.org/10.1075/z.139.06gri

Halliday, Michael Alexander Kirkwood y Ruqaiya Hasan. 1976. *Cohesion in English.* Oxon: Routledge.

Halliday, Michael Alexander Kirkwood y Ruqaiya Hasan. 1989. *Language, context, and text: aspects of language in a social-semiotic perspective.* Oxford: Oxford University Press.

Hatim, Basil e Ian Manson. 1990. *Discourse and the translator.* Londres: Longman.

Heinemann, Wolfgang. 2000. "Textsorten. Zur Diskussion um Basisklassen des Kommunizierens. Rückschau und Ausblick". En Kirsten Adamzik (Ed.), *Textsorten: Reflexionen und Analysen.* Tubinga: Stauffenburg, 9–29.

Hunston, Susan y Gill Francis. 2000. *Pattern grammar: A Corpus-driven Approach to Lexical Grammar of English.* Amsterdam: John Benjamins. DOI: https://doi.org/10.1075/scl.4

Hurtado Albir, Amparo. 2001. *Traducción y traductología: Introducción a la traductología.* Madrid: Cátedra.

Hymes, Dell. 1974. *Foundations in Sociolinguistics.* Philadelphia: University of Pennsylvania Press.

Ibáñez Rodríguez, Miguel. 2014. "Le domaine vitivinicole en France et en Espagne: similitudes et variabilité conceptuelles". *Meta* 59 (19): 198–211.

Ibáñez Rodríguez, Miguel. 2015. "L'art de faire le vin y su traducción al español: la gestación de un primer vocabulario técnico del vino (1786-1845)". *Hikma* 16: 9–33.

Ibáñez Rodríguez, Miguel. 2017. *La traducción vitivinícola: un caso particular de traducción especializada.* Granada: Comares.

Kruger, Alet; Wallmach, Kim y Jeremy Munday. 2011. *Corpus-Based Translation Studies. Research and Application.* London: Continuum.

Labrador, Belén; Ramón, Noelia; Alaiz-Moretón, Héctor y Hugo Sanjurjo González. 2014. "Rhetorical structure and persuasive language in the subgenre of online advertisements". *English for Specific Purposes* 34: 38–47.

Labrador, Belén y Noelia Ramón. 2015. "'Perfectly smooth creamy and full flavoured': Online cheese descriptions". *Procedia: Social and Behavioural Sciences* 198: 226–232.

Laviosa, Sara. 1997. "How Comparable can 'Comparable Corpora' Be?" *Target* 9 (2): 289–319.

Laviosa, Sara. 2002. *Corpus-based Translation Studies. Theory, Findings, Applications.* Ámsterdam y Nueva York: Rodopi.

Laviosa, Sara. 2004. "Corpus-based translation studies: Where does it come from? Where is it going?" *Language Matters, Studies in the Languages of Africa* 35 (1): 6–27. DOI: https://doi.org/10.1080/10228190408566201

Laviosa, Sara. 2010. "Corpora". En Yves Gambier y Luc van Doorslaer (Eds.), *Handbook of Translation Studies. Volume 1.* Amsterdam / Philadelphia: John Benjamins, 80–86.

Lee, David Y.W. 2001. "Genres, registers, text types, domains, and styles: clarifying the concepts and navigating a path through the BNC jungle". *Language Learning and Technology* 5 (3): 37–72.

Leroyer, Patrick. 2018. "The Oenolex Wine Dictionary". En Pedro A. Fuertes Olivera (Ed.), *The Routledge Handbook of Lexicography.* London / New York: Routledge, 438–454.

L'Homme, Marie-Claude. 2004. *La terminologie: principes et techniques.* Montréal: Les Presses de l'Université de Montréal.

L'Homme, Marie-Claude. 2008. "Méthodologie pour une nouvelle génération de dictionnaires spécialisés". *Traduire* 217: 78–103.

L'Homme, Marie-Claude. 2010. "Designing Specialized Dictionaries with NLP". En Sylvaine Gragner and Magali Paquot (Eds.), *ELexicography in the 21st Century: New Challenges, New Applications: Proceedings of ELex 2009, Louvain-la-Neuve, 22–24 October 2009.* Louvain: Presses Universitaires de Louvain, 203–215.

L'Homme, Marie-Claude. 2012. "Adding syntactico-semantic information to specialized dictionaries: an application of the FrameNet methodology". *Lexicographica* 28: 233–252.

L'Homme, Marie-Claude. 2014a. "Terminologies and taxonomies". En John Taylor (Ed.), *Handbook of the Word.* Oxford: Oxford University Press, 334–349. DOI: 10.1093/oxfordhb/9780199641604.013.008

L'Homme, Marie-Claude. 2014b. "Why Lexical Semantics is Important for e-Lexicographers and Why It Is Equally Important to Hide its Formal Representations from Users of Dictionaries". *International Journal of Lexicography* 27 (4): 360–377.

L'Homme, Marie-Claude. 2015. "Découverte de cadres sémantiques dans le domaine de l'environnement: le cas de l'influence objective". *Terminàlia* 12: 29–40.

L'Homme, Marie-Claude. 2018. "Maintaining the balance between knowledge and the lexicon in terminology: a methodology based on Frame Semantics". *Lexicography* 4 (1): 3–21. DOI: 10.1007/S40607-018-0034-1.1

L'Homme, Marie-Claude y Benoît Robichaud. 2014. "Frames and terminology: representing predicative units in the field of the environment." En *Cognitive Aspects of the Lexicon (Cogalex 2014), Coling 2014, Dublin, Irlande*. Disponible en: http://www.aclweb.org/anthology/W14-4723. (Fecha de consulta: 14 de diciembre de 2016).

L'Homme, Marie-Claude; Robichaud, Benoît y Carles Subirats. 2014. "Discovering frames in specialized domains". En Nicoletta Calzolari *et al.* (Eds.), Proceedings of the Ninth International Conference on Language Resources and Evaluation (LREC-2014) . Reykjavik, Iceland. Disponible en: http://www.lrec-conf.org/proceedings/lrec2014/pdf/455_Paper.pdf (Fecha de consulta: 18 de marzo de 2019).

López-Arroyo, Belén; Fernández-Antolín, Martín y Rosario de Felipe-Boto. 2007. "Contrasting the Rhetoric of Abstracts in Medical Discourse. Implications and Applications for English-Spanish Translation". *Languages in Contrast* 7 (1): 1–28. DOI: 10.1075/lic.7.1.02lop

López-Arroyo, Belén; de Felipe Boto, Rosario; Belcher, Larry; Rey de las Moras, María Cruz y Paula de Santiago González. 2010. *Diccionario terminológico y fraseológico español-inglés de fichas de catas*. Valladolid: Turisvall.

López-Arroyo, Belén y Roda P. Roberts. 2014. "English and Spanish descriptors in wine tasting terminology". *Terminology* 20 (1): 25–49.

López-Arroyo, Belén y Roda P. Roberts. 2015. "Unusual sentence structure in wine tasting notes: A contrastive corpus-based study". *Language in Contrast* 15(2): 162–180.

López-Arroyo, Belén y Roda P. Roberts. 2016. "Differences in wine tasting notes in English and Spanish". *Babel* 62 (3): 370–401.

López-Arroyo, Belén y Roda P. Roberts. 2017a. "El lenguaje metafórico en las fichas de cata de vino en inglés y en español". *Hermēneus: Revista de Traducción e Interpretación*, 19: 139–163.

López-Arroyo, Belén y Roda Roberts. 2017b. "Genre and Register in Comparable Corpora: An English / Spanish Contrastive Analysis". *Meta* 62 (1): 114–136.

López Rodríguez, Clara Inés. 2000. *Tipología textual y cohesión en la traducción biomédica inglés-español: un estudio de corpus*. Tesis doctoral. Granada: Universidad de Granada.

MAPAMA, 2017. *Marco Estratégico para la Industria de Alimentación y Bebidas*. Madrid: MAPAMA. Disponible en: http://www.mapama.gob.es/es/alimentacion/temas/industria-agroalimentaria/marco-estrategico/ (Fecha de consulta: 18 de junio de 2018).

Marco, Josep y Heike van Lawick. 2009. "Using corpora and retrieval software as a source of materials for the translation classroom". En Allison Beeby, Patricia Rodríguez Inés y Pilar Sánchez-Gijón (Eds.), *Corpus Use and Translating*. Amsterdam / Philadelphia: John Benjamins, 9–28.

Martin, James R. 1997. "Analysing genre: Functional parameters". En Christie Frances y James R. Martin (Eds.), *Genre and institutions: Social processes in the workplace and school*. London / New York: Continuum, 3–39.

Martín-Martín, Pedro. 2005. *The Rhetoric of the Abstract in English and Spanish Scientific Discourse*. Bern: peter Lang.

Mayor Serrano, María Blanca. 2002. *Tipología textual pragmática y didáctica de la traducción en el ámbito biomédico*. Tesis doctoral. Granada: Universidad de Granada.

McEnery, Tony y Andrew Hardie. 2012. *Corpus Linguistics*. Cambridge: Cambridge University Press.

Méndez-Cendón, Beatriz. 2009. "Combinatorial Patterns in Medical Case Reports: An English–Spanish Contrastive Analysis". *The Journal of Specialised Translation* 11. http://www.jostrans.org/issue11/art_mendez.php

Miles, Matthew B; Huberman, A. Michael y Johnny Saldana. 2014. *Qualitative Data Analysis. A Methods Sourcebook*. Thousand Oaks: SAGE.

Molina, Lucía y Amparo Hurtado Albir. 2002. "Translation Techniques Revisited: A Dynamic and Functionalist Approach". *Meta* 47 (4): 498–512. DOI: https://doi.org/10.7202/008033ar

Montoro del Arco, Esteban T. y Mercedes Roldán Vendrell. 2013. "Terminología, normalización y comunicación: Las categorías del aceite de oliva en español, inglés y chino". *Terminology* 19 (1): 62–92.

Monzó, Esther. 2007. *Estudi Sincronic i Multilingue de Textos Juridico-Administratius per a l'Elaboracio d'un Marc d'Analisi Teorico-Descriptiu*. Tesis doctoral. Castellon de la Plana: Universitat Jaume I.

Neubert, Albrecht y Gregory M. Shreve. 1992. *Translation as Text*. Kent, Ohio and London: The Kent State University Press.

Noya Gallardo, 2018. Carmen. "Wine blog texts: syntactic relationships between clauses from the systemic functional perspective". En María del Mar Rivas Carmona y María Zahara Veroz González (Eds.), *Agroalimentación: lenguajes de especialidad y traducción*. Granada: Comares, 89–110.

Olohan, Maeve. 2004. *Introducing corpora in translation studies*. Nueva York: Routledge.

Ortego Antón, María Teresa. En prensa. "Las fichas descriptivas de embutidos en español y en inglés: un análisis contrastivo de la estructura retórica basado en corpus". *Signos*, 52 (4).

Ortego Antón, María Teresa y Purificación Fernández Nistal. En prensa. "Estudio contrastivo de la terminología de embutidos en inglés y en español con ParaConc y tlCorpus a partir del corpus paralelo P-GEFEM y del comparable C-GEFEM." En Míriam Seghiri (Ed.), *El uso de los corpus lingüísticos como herramienta pedagógica para la enseñanza-aprendizaje de lenguas, traducción e interpretación*. Berna: Peter Lang.

Pearson, Jennifer. 1998. *Terms in Context. Studies in Corpus Linguistics*. Amsterdam / Filadelfia: John Benjamins Publishing.

Pimentel, Janine. 2013. "Methodological bases for assigning equivalents: a contribution". *Terminology* 19 (2): 237–257. DOI: https://doi.org/10.1075/term.19.2.04pim

Pimentel, Janine. 2015. "Using Frame Semantics to Build a Bilingual Lexical Resource on Legal Terminology." En Hendrick J. Kockaert y Frida Steurs (Eds.), *Handbook of Terminology. Volume 1*. Amsterdam: John Benjamins, 427–450.

Pizarro, Isabel. 2010. *Análisis y traducción del texto económico inglés-español*. La Coruña: Netbiblo.

Pizarro, Isabel. 2017. "A corpus-based analysis of genre-specific multi-word combinations. Minutes in English and Spanish". En Thomas Egan y Hildegunn Dirdal (Eds.), *Cross-linguistic Correspondences: From lexis to genre*. Amsterdam / Philadelphia: John Benjamins, 221–252.

Prieto-Velasco, Juan Antonio. 2014. "Visualización de conceptos vitivinícolas: la terminología en la D.O. Montilla-Moriles". En Mercedes Roldán Vendrell (Ed.), *Terminología y comunicación científica y social*. Granada: Comares, 181–203.

Rabadán, Rosa. 2016. "Proposals in meeting minutes. An English-Spanish corpus-based study". *Language in Contrast* 16 (2): 213–238.

Rabadán, Rosa y Purificación Fernández Nistal. 2002. *La traducción inglés-español: fundamentos, herramientas, aplicaciones*. León / Valladolid: Universidad de León / ITBYTE.

Rabadán, Rosa, Sanjurjo González, Hugo y Veronica Anne Colwell O'Callaghan. 2016. "Bi-Texting Your Food: Helping the Gastro Industry Reach the Global Market". En Antonio Moreno Ortiz y Chantal Pérez Hernández (Eds.), *CILC. 8th International Conference on Corpus Linguistics*, 361–371. https://doiorg/10.29007/4xtp

Rabadán, Rosa *et al.* 2018. "CorpusNet: A Resource Hub". En *II International Symposium on Parallel Corpora, PaCor 2018*. Madrid: Universidad Complutense de Madrid.

RAE. 2018. *Diccionario de la Lengua Española*. Disponible en: https://dle.rae.es/?id=UJPgYGO (Fecha de consulta: 18 de marzo de 2019).

Ramírez Almansa, Isidoro. 2018. "La traducción de las páginas web de las bodegas de Córdoba y su provincia: Contexto actual y propuestas de mejora". En María del Mar Rivas Carmona y María Zahara Veroz González (Eds.), *Agroalimentación: lenguajes de especialidad y traducción*. Granada: Comares, 111–120.

Ramón, Noelia y Belén Labrador. 2018. "Selling cheese online". *Terminology* 24 (2): 210–235.

Reiss, Katharina. 1971 / 2000. *Translation Criticism: Potential and Limitations*. Manchester: St. Jerome.

Reiss, Katharina y Hans Vermeer. 1984 / 1991. *Grundlegung einer allgemeiner Translationtheorie*. Tubinga: Niemeyer.

Rivas Carmona, María del Mar y María Zahara Veroz González. 2018. *Agroalimentación: lenguajes de especialidad y traducción*. Granada: Comares.

Roldán Vendrell, Mercedes. 2010. *Bases para la terminología bilingüe del aceite de oliva*. Granada: Comares.

Roldán Vendrell, Mercedes 2013. *Diccionario de Términos del Aceite de Oliva (DTAO)*. Madrid: Arco.

Ruppenhofer, Josef; Ellsworth, Michale; Petruck, Miriam R. L.; Johnson, Christopher R. y Jan Scheffczyk. 2016. FrameNet II. Extended Theory and Practice. Disponible en https://framenet.icsi.berkeley.edu/fndrupal/index.php?q=the_book (Fecha de consulta: 27 de enero de 2018).

Sager, Juan C. 1990. *A Practical Course on Terminology Processing*. Amsterdam / Philadelphia: John Benjamins.

Sánchez-Gijón, Pilar. 2003a. "És la web pública la nova biblioteca del traductor?" *Tradumàtica: Traducció i tecnologies de la informació i la comunicació* 2. Disponible en: http://www.bib.uab.es/pub/tradumatica/15787559n2a7.pdf

Sánchez-Gijón, Pilar. 2003b. *Els documents digitals especialitzats: utilització de la lingüística de corpus com a front de recursos per a la traducció*. Tesis doctoral. Barcelona: Universidad Autónoma de Barcelona.

Sánchez Nieto, María Teresa. 2015. "Construcción de corpus virtuales comparables deslocalizados (DE/ES). En María Teresa Sánchez Nieto (Ed.), *Corpus-based Translation and Interpreting Studies: From description to application / Estudios traductológicos basados en corpus: de la descripción a la aplicación*. Berlin: Frank und Timme, 235–259.

Sánchez Trigo, Elena. 2005. "Investigación traductológica en la traducción científica y técnica". *TRANS: revista de traductología* 9: 131–150.

Sanjurjo González, Hugo. 2017. *Creación de un Framework para el Tratamiento de Corpus Lingüísticos / Development of a Framework for Corpus Linguistic Analysis*. Tesis doctoral. León: Universidad de León. Disponible en https://buleria.unileon.es/bitstream/handle/10612/6920/Tesis%20Hugo%20Sanjurjo.pdf?sequence=1 (Fecha de consulta: 18 de marzo de 2019).

Santamaría Pérez, Isabel. 2015. *Diccionario LID del turrón*. Madrid: LID Editorial.

Santamaría Pérez, Isabel. 2016. "Diseño, implementación y elaboración de una terminología multilingüe del ámbito del turrón, mazapanes y otros dulces". *Cuadernos ASPI* 6: 75–94.

Santamaría Pérez, Isabel. 2017. "La terminologia del torró". *Terminàlia* 15: 59–60.

Schmidt, Thomas. 2009. "The Kicktionary – A Multilingual Lexical Resources of Football Language". En Hans C. Boas (Ed.), *Multilingual FrameNets in Computational Lexicography. Methods and Applications*. Berlin / NewYork: Mouton de Gruyter, 101–134.

Seghiri, Míriam. 2006. *Compilación de un corpus trilingüe de seguros turísticos (español-inglés-italiano): aspectos de evaluación, catalogación, diseño y representatividad*. Tesis doctoral. Málaga: Universidad de Málaga. Disponible en http://hdl.handle.net/10630/2715 (Fecha de consulta: 10 de septiembre de 2012).

Seghiri, Míriam. 2015. "Determinación de la representatividad cuantitativa de un corpus *ad hoc* bilingüe (inglés-español) de manuales de instrucciones generales de lectores electrónicos. En María Teresa Sánchez Nieto (Ed.), *Corpus-based Translation and Interpreting Studies: From description to application / Estudios traductológicos basados en corpus: de la descripción a la aplicación*. Berlin: Frank und Timme, 125–146.

Seghiri, Míriam. 2017. "Metodología de elaboración de un glosario bilingüe y bidireccional (inglés-español/español-inglés) basado en corpus para la traducción de manuales de instrucciones de televisores". *Babel* 63 (1): 43–64. DOI: 10.1075/babel.63.1.04seg

Sinclair, John. 1991. *Corpus, Concordance, Collocation*. Cambridge: Cambridge University Press.

Sinclair, John. 2005. "Corpus and Text-Basic Principles". En M. Wynne (Ed.), *Developing Linguistic Corpora: A Guide to Good Practice* (pp. 1–16). Oxford: Oxbow Books.

Steurs, Frida; De Wachter, Ken y Evy De Malsche. 2015. "Terminology Tools". En Hendrik J. Kockaert y Frida Steurs (Eds.), *Handbook of Terminology. Volume 1*. Amsterdam / Philadelphia: John Benjamins, 222–249.

Swales, John M. 1990/2001. *English in academic and research settings*. Cambridge: Cambridge University Press.

Swales, John M. 2004. *Research Genres. Explorations and Applications*. Cambridge: Cambridge University Press.

Temmerman, Rita y Danièle Dubois. 2017. "Food and terminology: Expressing sensory experience in several languages." *Terminology* 23(1): 1–8. DOI: https://doi.org/10.1075/term.23.1.001int

Tognini-Bonelli, Elena. 2001. *Corpus Linguistics at Work*. Amsterdam / Philadelphia: John Benjamins.

Torra, Mariona. 2017. "Recursos terminològics sobre gastronomía". *Terminàlia* 15: 48–50.

Torruella, Joan y Joaquim Llisterri. 1999. "Diseño de corpus textuales y orales". En José Manuel Blecua, Gloria Clavería, Carlos Sánchez y Joan Torruella (Eds.), *Filología e informática. Nuevas tecnologías en los estudios filológicos*. Barcelona: Milenio/ Universitat Autonoma de Barcelona, 45–77.

Valero-Garcés, Carmen. 1996. "Contrastive ESP rethoric: Metatex in Spanish-English economics texts". *English for Specific Purposes* 15 (4): 279-294.

Varantola, Krista. 1997. "Translators, dictionaries and text corpora". En Silvia Bernardini y Federico Zanettin (Eds.), *I corpora nella didattica della traduzione*. Bologna: CLUEB, 117–133.

Varantola, Krista. 2003. "Translators and Disposable Corpora." En Federico Zanettin, Silvia Bernardini y Dominic Stewart (Eds.), *Corpora in Translator Education*. Manchester / Northampton: St. Jerome, 55–70.

Wandji, Ornella; Grabar, Natalia y Marie-Claude L'Homme. 2013. "Discovering of semantic frames for a contrastive study of verbs in medical corpora". *Terminology and Artificial Intelligence, TIA 2013*. Paris.

Warburton, Kara. 2015. "Managing terminology in commercial environments". En Hendrik J. Kockaert y Frida Steurs (Eds.), *Handbook of Terminology. Volume 1*. Amsterdam / Philadelphia: John Benjamins, 360–391.

Williams, Ian Andrew. 2010. "Cultural Differences in Academic Discourse. Evidence from First-person Verb Use in the Methods Sections of Medical Research Articles". *International Journal of Corpus Linguistics, special issue* 15 (2): 214–239.

Zanettin, Federico. 2002. "DIY Corpora: The WWW and the Translator". En Belinda Maia, Johann Haller y Margherita Ulyrck (Eds.). *Training the Language Services Provider for the new Millennium,* Porto: Facultade de Letras, Universidade do Porto, 239–248.

Zanettin, Federico. 2012. *Translation Driven Corpora. Corpus Resources for Descriptive and Applied Translation Studies.* Manchester / Kinderhook: St. Jerome Publishing.

Zarco-Tejada, María Ángeles. 2018. "Wine blogs: a genre that allows for new descriptors use". En María del Mar Rivas Carmona y María Zahara Veroz González (Eds.), *Agroalimentación: lenguajes de especialidad y traducción.* Granada: Comares, 153–164.

**Studien zur romanischen Sprachwissenschaft
und interkulturellen Kommunikation**

Herausgegeben von Gerd Wotjak, José Juan Batista Rodríguez und Dolores García-Padrón

Die vollständige Liste der in der Reihe erschienenen Bände finden Sie auf unserer Website
https://www.peterlang.com/view/serial/SRSIK

Band 100 Cécile Bruley / Javier Suso López (eds.) : La terminología gramatical del español y del francés. La terminologie grammaticale de l'espagnol et du français. Emergencias y transposiciones, traducciones y contextualizaciones. Émergences et transpositions, traductions et contextualisations. 2015.

Band 101 Pedro Mogorrón Huerta / Fernando Navarro Domínguez (eds.) : Fraseología, Didáctica y Traducción. 2015.

Band 102 Xoán Montero Domínguez: La traducción de proyectos cinematográficos. Modelo de análisis para los largometrajes de ficción gallegos. 2015.

Band 103 María Ángeles Recio Ariza / Belén Santana López / Manuel De la Cruz Recio / Petra Zimmermann González (Hrsg./eds.): Interacciones / Wechselwirkungen. Reflexiones en torno a la Traducción e Interpretación del / al alemán. Überlegungen zur Translationswissenschaft im Sprachenpaar Spanisch-Deutsch. 2015.

Band 104 Héctor Hernández Arocha: Wortfamilien im Vergleich. Theoretische und historiographische Aspekte am Beispiel von Lokutionsverben. 2016.

Band 105 Giovanni Caprara / Emilio Ortega Arjonilla / Juan Andrés Villena Ponsoda: Variación lingüística, traducción y cultura. De la conceptualización a la práctica profesional. 2016.

Band 106 Gloria Corpas Pastor / Miriam Seghiri (eds.): Corpus-based Approaches to Translation and Interpreting. From Theory to Applications. 2016.

Band 107 Teresa Molés-Cases: La traducción de los eventos de movimiento en un corpus paralelo alemán-español de literatura infantil y juvenil. 2016.

Band 108 María Egido Vicente: El tratamiento teórico-conceptual de las construcciones con verbos funcionales en la tradición lingüística alemana y española. 2016.

Band 109 Pedro Mogorrón Huerta / Analía Cuadrado Rey / María Lucía Navarro Brotons / Iván Martínez Blasco (eds): Fraseología, variación y traducción. 2016.

Band 110 Joaquín García Palacios / Goedele De Sterck / Daniel Linder / Nava Maroto / Miguel Sánchez Ibáñez / Jesús Torres del Rey (eds): La neología en las lenguas románicas. Recursos, estrategias y nuevas orientaciones. 2016.

Band 111 André Horak: Le langage fleuri. Histoire et analyse linguistique de l'euphémisme. 2017.

Band 112 María José Domínguez Vázquez / Ulrich Engel / Gemma Paredes Suárez: Neue Wege zur Verbvalenz I. Theoretische und methodologische Grundlagen. 2017.

Band 113 María José Domínguez Vázquez / Ulrich Engel / Gemma Paredes Suárez: Neue Wege zur Verbvalenz II. Deutsch-spanisches Valenzlexikon. 2017.

Band 114 Ana Díaz Galán / Marcial Morera (eds.): Estudios en Memoria de Franz Bopp y Ferdinand de Saussure. 2017.

Band 115 Mª José Domínguez Vázquez / Mª Teresa Sanmarco Bande (ed.): Lexicografía y didáctica. Diccionarios y otros recursos lexicográficos en el aula. 2017.

Band 116 Joan Torruella Casañas: Lingüística de corpus: génesis y bases metodológicas de los corpus (históricos) para la investigación en lingüística. 2017.

Band 117 Pedro Pablo Devís Márquez: Comparativas de desigualdad con la preposición de en español. Comparación y pseudocomparación. 2017.

Band 118 María Cecilia Ainciburu (ed.): La adquisición del sistema verbal del español. Datos empíricos del proceso de aprendizaje del español como lengua extranjera. 2017.

Band 119 Cristina Villalba Ibáñez: Actividades de imagen, atenuación e impersonalidad. Un estudio a partir de juicios orales españoles. 2017.

Band 120 Josefa Dorta (ed.): La entonación declarativa e interrogativa en cinco zonas fronterizas del español. Canarias, Cuba, Venezuela, Colombia y San Antonio de Texas. 2017.

Band 121 Celayeta, Nekane / Olza, Inés / Pérez-Salazar, Carmela (eds.): Semántica, léxico y fraseología. 2018.

Band 122 Alberto Domínguez Martínez: Morfología. Procesos Psicológicos y Evaluación. 2018.

Band 123 Lobato Patricio, Julia / Granados Navarro, Adrián: La traducción jurada de certificados de registro civil. Manual para el Traductor-Intérprete Jurado. 2018.

Band 124 Hernández Socas, Elia / Batista Rodríguez, José Juan / Sinner, Carsten (eds.): Clases y categorías lingüísticas en contraste. Español y otras lenguas. 2018.

Band 125 Miguel Ángel García Peinado / Ignacio Ahumada Lara (eds.): Traducción literaria y discursos traductológicos especializados. 2018.

Band 126 Emma García Sanz: El aspecto verbal en el aula de español como lengua extranjera. Hacia una didáctica de las perífrasis verbales. 2018.

Band 127 Forthcoming.

Band 128 Pino Valero Cuadra / Analía Cuadrado Rey / Paola Carrión González (eds.): Nuevas tendencias en traducción: Fraseología, Interpretación, TAV y sus didácticas. 2018.

Band 129 María Jesús Barros García: Cortesía valorizadora. Uso en la conversación informal española. 2018.

Band 130 Alexandra Marti / Montserrat Planelles Iváñez / Elena Sandakova (éds.): Langues, cultures et gastronomie : communication interculturelle et contrastes / Lenguas, culturas y gastronomía: comunicación intercultural y contrastes. 2018.

Band 131 Santiago Del Rey Quesada / Florencio del Barrio de la Rosa / Jaime González Gómez (eds.): Lenguas en contacto, ayer y hoy: Traducción y variación desde una perspectiva filológica. 2018.

Band 132 José Juan Batista Rodríguez / Carsten Sinner / Gerd Wotjak (Hrsg.): La Escuela traductológica de Leipzig. Continuación y recepción. 2019.

Band 133 Carlos Alberto Crida Álvarez / Arianna Alessandro (eds.): Innovación en fraseodidáctica. tendencias, enfoques y perspectivas. 2019.

Band 134 Eleni Leontaridi: Plurifuncionalidad modotemporal en español y griego moderno. 2019.

Band 135 Ana Díaz-Galán / Marcial Morera (eds.): Nuevos estudios de lingüística moderna. 2019.

Band 136 Jorge Soto Almela: La traducción de la cultura en el sector turístico. Una cuestión de aceptabilidad. 2019.

Band 137 Xoán Montero Domínguez (ed.): Intérpretes de cine. Análisis del papel mediador en la ficción audiovisual. 2019.

Band 138 María Teresa Ortego Antón: La terminología del sector agroalimentario (español-inglés) en los estudios contrastivos y de traducción especializada basados en corpus: los embutidos. 2019.

www.ingramcontent.com/pod-product-compliance
Ingram Content Group UK Ltd.
Pitfield, Milton Keynes, MK11 3LW, UK
UKHW041923210426
5322IPUK00002B/21